BestMasters

Mit „BestMasters" zeichnet Springer die besten Masterarbeiten aus, die an renommierten Hochschulen in Deutschland, Österreich und der Schweiz entstanden sind. Die mit Höchstnote ausgezeichneten Arbeiten wurden durch Gutachter zur Veröffentlichung empfohlen und behandeln aktuelle Themen aus unterschiedlichen Fachgebieten der Naturwissenschaften, Psychologie, Technik und Wirtschaftswissenschaften.

Die Reihe wendet sich an Praktiker und Wissenschaftler gleichermaßen und soll insbesondere auch Nachwuchswissenschaftlern Orientierung geben.

Filip Savić

Theorie und Design von FRAP-Experimenten auf komplexen Geometrien

Mit einem Geleitwort von Prof. Dr. Andreas Janshoff

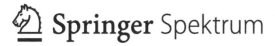 Springer Spektrum

Filip Savić
Göttingen, Deutschland

BestMasters
ISBN 978-3-658-08946-7   ISBN 978-3-658-08947-4 (eBook)
DOI 10.1007/978-3-658-08947-4

Die Deutsche Nationalbibliothek verzeichnet diese Publikation in der Deutschen Nationalbibliografie; detaillierte bibliografische Daten sind im Internet über http://dnb.d-nb.de abrufbar.

Springer Spektrum
© Springer Fachmedien Wiesbaden 2015

Springer Fachmedien Wiesbaden ist Teil der Fachverlagsgruppe Springer Science+Business Media
(www.springer.com)

ist Anfang und Ende aller Musik.

Max Reger

Geleitwort

Im Oktober 2008 begann Herr Savić ein Chemiestudium in Göttingen, in dem er im Oktober 2011 seine Bachelorarbeit zum Thema „Untersuchung und Analyse des oszillativen Verhaltens von Amöben" mit der Note 1,0 abschloss. Gleich im Anschluss begann er sein konsekutives Masterstudium und fertigte schließlich 2014 seine Masterarbeit mit dem Titel „Theorie & Design von FRAP-Experimenten auf komplexen Geometrien" in unserer Arbeitsgruppe an. Auch diese Arbeit wurde mit der Note „sehr gut (1,0)" bewertet und zählt zu den besten Masterarbeiten, die in unserer Fakultät angefertigt wurden.

Im Verlauf seines Studiums entwickelte Herr Savić ein besonderes Interesse an der Biophysikalischen Chemie, in der er sich insbesondere mit der mathematischen und computergestützten Modellierung und Analyse komplexer Systeme beschäftigt. In seiner Masterarbeit behandelt Herr Savić zwei verwandte Themen. Zum Einen entwickelt er ein Auswerteverfahren für sogenannte Photobleichverfahren (Fluorecense Recovery After Photobleaching) Experimente, mit denen man molekulare Mobilitäten in biologischen Membranen messen kann. Hier erlaubt es die Analysetechnik von Herrn Savić, gleich mehrere Nachteile und Einschränkungen bisheriger Auswerteverfahren zu umgehen.

Im zweiten großen Themenblock seiner Arbeit entwickelt Herr Savić – zunächst am Computer – ein FRAP-Experiment, das molekulare Dynamik auf nicht-planaren Membranebenen untersucht. Man weiß aus Experimenten, dass eine Membran, die zwei sich berührende Kugeln überspannt, zwischen den beiden Kugeln „fusioniert". Der Mechanismus für diesen Fusionsprozess ist von hohem wissenschaftlichem Interesse im Bereich der Zellbiologie. Mit den Verfahren von Herrn Savić (eine Kombination aus FRAP-Experimenten und Computersimulationen) lassen sich äußerst detaillierte Informationen über den Kontaktbereich zwischen beiden Kugeln gewinnen.

Innerhalb unserer Gruppe hat Herr Savić eine verantwortungsvolle Rolle in allen Fragestellungen zu numerischen Simulationen und zu computergestützten Datenanalysen übernommen. Herr Savić ist ein äußerst engagierter, kritischer und stets sehr konstruktiver Mitarbeiter

meiner Arbeitsgruppe und plant nun auch seine Doktorarbeit auf dem Gebiet der biophysikalischen Computermodelle anzugehen.

Vor dem Hintergrund all dieser Aspekte freue ich mich, dass die Masterarbeit von Herrn Savić im Rahmen der Ausschreibung Springer BestMasters 2014 ausgewählt und prämiert wurde.

Prof. Dr. Andreas Janshoff

Danksagung

An dieser Stelle möchte ich mich bei all jenen bedanken, die diese Masterarbeit ermöglicht haben.

Mein besonderer Dank geht an Prof. Dr. Burkhard Geil für die freundliche Übernahme der Erstkorrektur und die ausgezeichnete Betreuung. Prof. Dr. Claudia Steinem möchte ich herzlich für die Übernahme der Zweitkorrektur danken. Prof. Dr. Andreas Janshoff möchte ich danken für die Möglichkeit in seinem Arbeitskreis diese Masterarbeit anzufertigen, dem ganzen Arbeitskreis für das freundliche Arbeitsklima, Anregungen und die Unterstützung.

Meinen Mitbewohnern und Fabian Dietrich gilt besonderer Dank für das zügige Durchsehen der Arbeit vor dem Druck und alles Andere. Maeglin für den Glauben an die Menschheit, Mario E. für die milden Gaben: danke dafür! Nicht zuletzt danke ich meinen Eltern, meiner Schwester und Freunden für alles.

Filip Savić

Inhaltsverzeichnis

1 Einleitung

Auf kleinen Längenskalen ist der passive Transport durch Diffusion der bestimmende Transportmechanismus in Zellen, aber auch dem umgebenden Medium.[1] Die Bestimmung von Mobilitätsparametern wie dem Diffusionskoeffizienten von Proteinen und Lipiden in Lipidmembranen von Zellen ist daher von besonderer Bedeutung. Dazu wurden diverse Methoden entwickelt, darunter sind die *Fluorescence correlation spectroscopy* (FCS) und *Fluorescence recovery after photobleaching* (FRAP) zu nennen. Erstere wurde 1974 von ELSON und MADGE[2] entwickelt und basiert auf der Beobachtung von spontanen Fluktuationen von fluoreszenzmarkierten Molekülen in einem sehr kleinen Beobachtungsvolumen.

Letztere Methode wurde maßgeblich 1974 von AXELROD *et al.*[3] entwickelt. FRAP basiert auf dem irreversiblen Bleichen von fluoreszenzmarkierten Molekülen in einer Membran und der Beobachtung der Regeneration der Fluoreszenz in dem gebleichten Bereich durch Diffusion. Anpassung der Fluoreszenzregeneration an eine Modellgleichung lassen sich Parameter wie der Diffusionskoeffizient, eventuell vorhandener lateraler Fluss der Membran, aber auch immobile Anteile in der Membran bestimmen.

Mittlerweile steht eine breite Auswahl an Methoden zur Auswertung von FRAP-Experimenten zur Verfügung, darunter sind klassische Methoden in Anlehnung an die Auswertung nach AXELROD, beispielsweise die Verbesserung der AXELRODschen Analyse bei Verwendung von kreisförmigen Bleichprofilen durch SOUMPASIS[4] oder ein Ansatz zur Linearisierung der AXELRODschen Gleichungen durch YGUERABIDE[5]. Häufig wird ein zentrosymmetrisches Bleichprofil für die Durchführung von FRAP-Experimenten verwendet, beispielsweise durch einen Laser mit gaußförmigem Intensitätsprofil. Möglich ist auch die Verwendung von kreisförmig-gleichmäßigen Bleichprofilen. Andere Arten von FRAP basieren auf dem Bleichen von rechteckigen Bereichen von künstlichen Lipidmembranen oder Zellen.[6] Möglich ist auch die Betrachtung der Intensität des Zentrums eines Bleichprofils als Funktion zur Bestimmung von Diffusionskoeffizienten.[7] All diese Methoden basieren auf der genauen Kenntnis des verwendeten Bleichprofils und der Anpassung der Fluoreszenzregeneration an Modellgleichungen, die nur für diese Bleichprofile gültig sind.

Neuere Methoden basieren auf der Verwendung der Fouriertransformation von fluoreszenzmikroskopischen Bildern,[8, 9] oder der verwandten Hankeltransformation.[1] Diese Methoden basieren auf der Analyse von FRAP-Experimenten im reziproken Raum und bieten einige Vorteile gegenüber klassischen Methoden. Die Abhängigkeit der Analyse von bestimmten Bleichprofilen wird eliminiert, problematisch ist allerdings die häufig stärkere Abhängigkeit von Rauschen in experimentell aufgenommenen Bildern.

Im ersten Abschnitt dieser Arbeit soll eine Methode untersucht werden, die ähnlich wie die zuvor genannten Methoden im reziproken Raum arbeitet. Dabei sollen Diffusionskoeffizienten durch Berechnung von Flächenmomenten bestimmt werden, wie sie beispielsweise bereits KOPPEL *et al.*[10] und KUBITSCHEK *et al.*[11] verwendet haben. Im Unterschied zu ähnlichen Fouriertransformationsmethoden soll aber zur Rauschreduktion ein Apodisierungsansatz gewählt werden. Zusätzlich wird untersucht, wie die Auflösung und die Qualität der Ergebnisse durch die Verwendung von *Zeropadding* vor der Fouriertransformation verbessert werden kann.

Im zweiten Abschnitt dieser Arbeit soll die Geometrie eines Modellsystems der Membranfusion, das von BAO *et al.*[12] basierend auf Arbeiten von GROVES *et al.*[13], entwickelt worden ist, näher untersucht werden. In dem Modellsystem wird die Interaktion von lipidmembranumhüllten Silicakugeln in einer zweidimensionalen Anordnung durch Fluoreszenzmikroskopie betrachtet. Über einen Lipidanker sind hier die fusogenen E- und K-Peptide (i-E3Cys und i-K3Cys)[14] in der Membran eingebettet. Durch die Wechselwirkung der Membranen, Kugeln und der Peptide kommt es zu *Docking, Hemifusion* und vollständiger Fusion der membranumhüllten Kugeln. In dieser Arbeit soll untersucht werden, ob es durch fluoreszenzmikroskopische Aufnahmen dieser speziellen Geometrie möglich ist charakteristische Parameter des hemi- und vollständig fusionierten Zustands zu bestimmen. Dazu werden Simulationen von fluoreszenzmikroskopischen Bildern durchgeführt und analysiert. Zusätzlich sollen mit Monte-Carlo-Methoden Simulationen von FRAP-Experimenten auf dieser Geometrie durchgeführt werden. Dabei soll die Frage geklärt werden, ob und wie die Fusionsereignisse die Fluoreszenzregeneration beeinflussen und ob die Fluoreszenzregeneration durch ein geeignetes Experiment verwendet werden kann, Kontaktparameter der Geometrie zu bestimmen.

2 Auswertung von FRAP-Experimenten

2.1 Auswertung nach Axelrod

Die Auswertung von FRAP-Experimenten nach AXELROD *et al.* [3] wird noch heute häufig verwendet, da sie relativ leicht durchzuführen ist. Im Folgenden werden die Grundzüge der theoretischen Beschreibung eines FRAP-Experiments nach AXELROD *et al.* dargestellt, dabei wird nur auf seine Überlegungen zur lateralen Diffusion in planaren Lipidmembranen eingegangen.

In der betrachteten Analyse wird von einer zweidimensionalen Membran ausgegangen, die zu einem gewissen Anteil fluoreszenzmarkierte Moleküle enthält. Mit einem starken Laser werden in einem kleinen Bereich – in etwa eine Fläche von 10 μm^2 – der Membran fluoreszenzmarkierte Moleküle irreversibel gebleicht. Im Folgenden wird die Rückkehr der Fluoreszenzintensität in dem selben Bereich durch einen abgeschwächten Laser gemessen. Aus der Fluoreszenzintensität in der gewählten *Region of Interest* (ROI) als Funktion der Zeit können durch eine Anpassung mit einer geeigneten Funktion Parameter der Mobilität der betrachteten Membran bestimmt werden.

Dabei wird angenommen, dass das Bleichen des Farbstoffes in der Membran als eine irreversible Reaktion erster Ordnung beschrieben werden kann. Für die Konzentration an Fluoreszenzfarbstoffen $C(x, y, t)$ in der Membran gilt damit:

$$\frac{\mathrm{d}C(x, y, t)}{\mathrm{d}t} = -\alpha I(x, y) C(x, y, t) \tag{2.1}$$

Dabei ist α die Ratenkonstante der angenommenen Reaktion erster Ordnung und $I(x, y)$ das Intensitätsprofil des zum Bleichen verwendeten Lasers. In integrierter Form ergibt sich:

$$C(x, y, t = 0) = C_0 \exp\left(-\alpha T I(x, y)\right) \tag{2.2}$$

Dabei ist C_0 die Initialkonzentration an Fluoreszenzfarbstoff in der Membran, die idealerweise unabhängig von der Position auf der Membran ist. T ist die Bleichzeit. AXELROD *et al.* führen an dieser Stelle einen Bleichparameter K ein, der die Stärke des durchgeführten Bleichens charakterisieren soll. Er ist definiert als:

$$K \equiv \alpha T I(0,0) \qquad (2.3)$$

Für das Intensitätsprofil der verwendeten Laser werden zwei Modelle verwendet: zum einen ein gaußsches Profil und zum anderen eine gleichförmige, kreisförmige Scheibe konstanter Intensität. Zusätzlich wird von zentrosymmetrischen Profilen ausgegangen, so dass die Gleichungen der Konzentrations- und Intensitätsprofile als Funktionen eines Radius r vom Mittelpunkt des Bleichprofils beschrieben werden können. Für ein gaußsches Profil gilt:

$$I(r)_{\text{Gauß}} = \frac{2P_0}{\pi w^2} \exp\left(\frac{-2r^2}{w^2}\right) \qquad (2.4)$$

Wobei w die halbe Breite des Pulses bei einer relativen Höhe von e^{-2} und P_0 die initale Intensität des Lasers ist. Damit ergibt sich aus Gleichung 2.2:

$$C(r,0) = C_0 \exp\left(-\alpha T \frac{2P_0}{\pi w^2} \exp\left(\frac{-2r^2}{w^2}\right)\right) \qquad (2.5)$$

Eine Auftragung gewählter initialer Bleichprofile für verschiedene Werte des Bleichparameters K ist in Abbildung 2.1 zu sehen. Die Entwicklung des Profils lässt sich nun durch das zweite FICKsche Gesetz beschreiben[15]. Die Randbedingungen sind gegeben durch Gleichung 2.5 und $C(\infty, t) = C_0$ Es gilt:

$$\frac{\partial C(r,t)}{\partial t} = D\nabla^2 C(r,t) \qquad (2.6)$$

Dabei ist D der Diffusionskoeffizient. Hier wird davon ausgegangen, dass es nur eine diffusive, fluoreszenzmarkierte Spezies gibt und dass die Diffusion über die gesamte beobachtete Fläche isotrop ist.

Beobachtet wird nun das Integral der Fluoreszenz über der gesetzten *Region of Interest*, dabei soll deren Radius dem Paramter w des Modells entsprechen. Das Problem des relativ ungenau bestimmten Parameters w soll später näher untersucht werden. An dieser Stelle sei gesagt, dass dieser Parameter zwar theoretisch aus der Form des Laserprofils zusammen mit der Ratenkonstante des Bleichens und der Bleichzeit bestimmbar ist, in der Praxis allerdings bereits das genaue Laserprofil nicht bekannt ist. Die Wahl dieses Parameters hat großen Einfluss auf die Genauigkeit des am Ende bestimmten Diffusionskoeffizienten D. Eine Möglichkeit diesen Parameter genau zu bestimmen oder möglicherweise komplett zu eliminieren führt zu genaueren Werten für D.

Die beobachtete Fluoreszenz lässt sich beschreiben als:

$$F_K(t) = \frac{q}{V} \int_0^w r C_K(r,t)\mathrm{d}r \int_0^{2\pi} \mathrm{d}\theta \qquad (2.7)$$

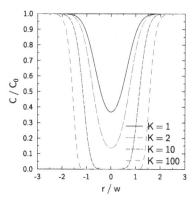

Abbildung 2.1: Auftragung von Bleichprofilen für vier verschiedene Werte des Bleichparameters K.

Dabei ist der Parameter q das Produkt der Quantenausbeuten von Absorption, Emission und Detektion von Licht und V ein Parameter, der die Abschwächung der Lichtintensität zwischen Bleichen und Detektion beschreibt. Für die Fluoreszenz kurz vor und gerade nach dem Bleichen gilt:

$$F_K(t < 0) = \frac{q P_0 C_0}{V} \tag{2.8}$$

$$F_K(t = 0) = \frac{q P_0 C_0}{V} e^{-K} \tag{2.9}$$

AXELROD *et al.* führen an dieser Stelle eine reduzierte Fluoreszenzregeneration ein, die wie folgt definiert ist:

$$f_K(t) \equiv \frac{F_K(t) - F_K(0)}{F_K(\infty) - F_K(0)} \tag{2.10}$$

Ohne auf die Ableitung genauer einzugehen, soll hier die Lösung der zeitabhängigen Fluoreszenzregeneration in Abhängigkeit des Bleichparameters K dargestellt werden, die als Anpassungsfunktion für experimentell bestimmte Fluoreszenzregenerationen verwendet werden kann um Diffusionskoeffizienten zu bestimmen.

Es gilt:

$$F_K(t) = \frac{q P_0 C_0}{V} \sum_{n=0}^{\infty} \frac{(-K)^n}{n!} \frac{1}{1 + n\left(1 + \frac{2t}{\tau_D}\right)} \tag{2.11}$$

$$\tau_D \equiv \frac{w^2}{4D} \tag{2.12}$$

Für eine gegebene Fluoreszenzregeneration lässt sich nun eine Anpassung mit einer Funktion wie in Gleichung 2.11 durchführen, aus der die Parameter K und D bestimmt werden

können. Eine andere Möglichkeit ist die Bestimmung der Zeit $\tau_{1/2}$, bei der die reduzierte
Fluoreszenzregeneration den Wert 0.5 erreicht. Es gilt dann:

$$D = \frac{w^2}{4\tau_{1/2}}\gamma_D \qquad (2.13)$$

Wobei γ_D eine von K abhängige Größe ist, die die Proportionalität zwischen der bestimmten Halbwertszeit und der charakteristischen Diffusionszeit τ_D beschreibt.

Die in Gleichung 2.11 gegebene Beziehung ist nur für die Annahme eines gaußschen
Laserprofils bei komplettem Fehlen eines gleichförmigen Flusses in der Membran gültig. Für
einen Fluss in der Membran oder bei Vorhandensein eines anderen Laserprofils sind andere
Beziehungen nötig. AXELROD *et al.* leiten an dieser Stelle eine Beziehung für ein kreisförmig-
gleichmäßiges Laserprofil her, dass später von SOUMPASIS *et al.*[4] entschieden verbessert
wurde. Für gaußsche Profile haben YGUERABIDE *et. al.*[5] eine Linearisierungsmethode zur
Auswertung von FRAP-Experimenten vorgestellt, die es einfacher erlaubt, gleichmäßigen
Fluss in der Membran miteinzubeziehen. Im Folgenden sollen aber nur gaußsche Profile
betrachtet werden.

2.2 Probleme der Axelrod-Methode

Ein offensichtliches Problem der AXELRODschen Auswertung ist die Verwendung einer Reihenentwicklung als Anpassungsfunktion, die, wie sich herausstellen wird, ungünstige Eigenschaften hat. Die Funktion aus Gleichung 2.11 besteht im Wesentlichen aus zwei Teilen: den
Amplituden A_n und den Basisfunktionen $B_n(t)$:

$$A_n \equiv \frac{(-K)^n}{n!} \qquad (2.14)$$

$$B_n(t) \equiv \frac{1}{1 + n\left(1 + \frac{2t}{\tau_D}\right)} \qquad (2.15)$$

Die Basisfunktionen sind nicht von K abhängig und haben ein Maximum bei $t = 0$, für
steigende Werte n werden die Basisfunktionen also immer kleiner. Wie in Abbildung 2.2 zu
sehen ist, sind die Basisfunktionen für verschiedene n aber weder orthogonal zueinander,
noch hinreichend unterschiedlich. Dies wirkt sich äußerst ungünstig auf die Konvergenz der
unendlichen Reihe in Gleichung 2.11 aus.

Die Amplituden A_n alternieren im Vorzeichen. Sie zeigen im Betrag besonders für große
Werte des Bleichparameters K zunächst sehr kleine Werte, steigen dann aber stark an, um
anschließend wieder abzufallen. Dabei kann beispielsweise für $K = 20$ der Wert von A_n auf
über 10^7 ansteigen. Der am Ende erhaltene Wert für F_K allerdings liegt zwischen 0 und 1. Dies
führt zu erheblichen numerischen Problemen bei einer Anpassung gerade für große K.

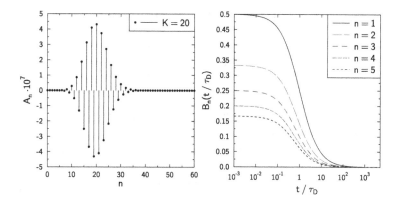

Abbildung 2.2: Links: Auftragung der Amplituden A in Abhängigkeit von n für $K = 20$. Deutlich sichtbar ist zum einen der exponentielle Anstieg der Werte und zum anderen die ungünstige Lage des Maximums bei einem Wert für n größer 0.

Rechts: Auftragung einiger Basisfunktionen gegen die normierte Zeit für verschiedene Werte von n. Die Funktionen sind sich sehr ähnlich und nicht orthogonal zueinander, haben aber ab $n = 1$ einen maximalen Wert bei $t = 0$.

Der für die Berechnung des Diffusionskoeffizienten benötigte Parameter w ist häufig nur durch einen Fit einer angemessenen Bleichprofilfunktion an das Profil sofort nach dem Bleichen bestimmbar oder muss geschätzt werden. Genauere Bestimmungen erfordern parallele Eichexperimente. Durch den quadratischen Eingang von w in die charakteristische Diffusionszeit τ_D führt jede Unsicherheit in w zu einem quadratischen Fehler im Diffusionskoeffizienten. Zusätzlich kann jeder Wert für w durch einen entsprechend gearteten Wert des Diffusionskoeffizienten ausgeglichen werden.[1] Eine erfolgreiche Anpassung der theoretischen Reihenentwicklung an experimentelle Daten ist also kein Garant für einen richtig gewählten Radius der *Region of Interest*.

Ein Ansatz zur Verbesserung der Auswertemethode ist also der Versuch einer genaueren Bestimmung des Radius w aus experimentellen Daten, beziehungsweise die Elimination von w aus den Modellgleichungen.

---

[1] w und D sind in der Analyse von AXELROD et al. keine getrennten Parameter, die aus dem Experiment in dieser Form bestimmt werden können. Einzig τ_D wird erhalten. Um daraus den Diffusionskoeffizienten zu berechnen, ist eine unabhängige Abschätzung der Pulsbreite w nötig. Ungenaue Werte für w führen damit zu falschen Werten für D, ohne die Güte der Anpassung zu beeinträchtigen.

2.3 FRAP-Auswertung mit vereinfachtem Bleichprofil

In ihrer Auswertung gehen AXELROD *et al.* von einem gaußschen Profil für die Laserintensität aus und modellieren die Fluoreszenzfarbstoffkonzentration nach dem Bleichen durch eine irreversible Reaktion erster Ordnung. Dies führt bei großen Laserintensitäten, großen Ratenkonstanten α oder langen Bleichzeiten zu einem resultierenden Profil, das stark von einer Gaußfunktion abweicht. Die Beschreibung der zeitlichen Entwicklung eines solchen Profils ist relativ schwierig und führt zu dem komplizierten Reihenausdruck für die Fluoreszenzregeneration in Gleichung 2.11. Geht man hingegen von kurzen Bleichzeiten und gleichzeitig von relativ kleinen Laserintensitäten aus, so bleibt bei einem Laser gaußscher Intensitätsverteilung auch das Bleichprofil annähernd gaußsch. Nach AXELROD gilt:

$$C(r,0) = C_0 \exp\left(-\alpha T \frac{2P_0}{\pi w^2} \exp\left(\frac{-2r^2}{w^2}\right)\right) \qquad (2.16)$$

Es gilt des Weiteren für kleine x:

$$\exp(-x) \simeq 1 - x \qquad (2.17)$$

Außerdem wird durch Diffusion jedes zentrosymmetrische Bleichprofil nach hinreichend langer Zeit näherungsweise gaußsch. Zur vereinfachten Analyse eines FRAP-Experiments soll daher nur noch von einem Bleichprofil ausgegangen werden, das die Form einer Gaußfunktion besitzt.

Zunächst wird nicht die Konzentration an Farbstoffmolekülen in der Membran betrachtet, sondern deren komplementäre Konzentration, die im Wesentlichen die Konzentration an gebleichten fluoreszenzmarkierten Molekülen – Konzentration an „Löchern" – ist.

Es gilt zu jedem Zeitpunkt:

$$C_{\text{Hole}} + C_{\text{Dye}} = C_0 \qquad (2.18)$$

Das anfängliche, gaußsche Bleichprofil lässt sich gedanklich aus der Diffusion eines δ-Impulses während einer Präparationszeit t_p erzeugen. Es gilt dann für das Bleichprofil:

$$C_{\text{Hole}}(r) = \frac{A}{4\pi D t_p} \exp\left(\frac{-r^2}{4D t_p}\right) \qquad (2.19)$$

Wobei A die Gesamtfläche der Gaußfunktion und D der Diffusionskoeffizient ist. t_p ist eine zunächst nicht näher bestimmte "Präparationszeit", die unter einem gegebenen Diffusionskoeffizienten und einer gegebenen Gesamtfläche nötig ist, um aus einem δ-Impuls allein durch Diffusion nach dem zweiten FICKschen Gesetz das gewünschte Bleichprofil zu erhalten. Gleichung 2.19 ist dabei eine zweidimensionale Gaußfunktion der Standardabweichung $\sigma = \sqrt{2D t_p}$ und dem Mittelwert $\mu = 0$. Anschaulich ist dies in Abbildung 2.3 dargestellt.

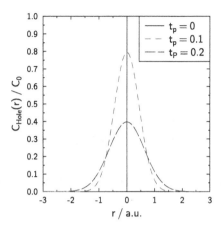

Abbildung 2.3: Auftragung von Gaußfunktionen nach Gleichung 2.19 für $D = 1$ und $A = 1$ ausgehend von einer δ-Funktion für verschiedene t_d.

Die zeitliche Entwicklung einer gaußschen Konzentrationverteilung gemäß dem zweiten FICKschen Gesetz ist leicht beschreibbar als:

$$C_{\text{Hole}}(r, t) = \frac{A}{4\pi D(t_p + t)} \exp\left(\frac{-r^2}{4D(t_p + t)}\right) \tag{2.20}$$

Für die komplementäre Konzentration gilt entsprechend Gleichung 2.18:

$$C_{\text{Dye}}(r, t) = C_0 - \frac{A}{4\pi D(t_p + t)} \exp\left(\frac{-r^2}{4D(t_p + t)}\right) \tag{2.21}$$

2.3.1 Analogie zur Axelrodschen Auswertung

Entsprechend der Prozedur in AXELRODs Auswertung wäre die zu berechnende Größe das Integral der Kontentration $C_{\text{Dye}}(r, t)$ bis zu einem bestimmten Radius w in einer *Region of Interest*. Dazu wäre zunächst zu bestimmen, wie groß der Parameter w ist. Aus

$$C_{\text{Dye}}(r = 0, t = 0) \cdot e^{-2} = C_{Dye}(r = w, t = 0)$$

erhält man:

$$w = \sqrt{8Dt_p} \tag{2.22}$$

Um einen Ausdruck für die Fluoreszenzregeneration mit dem vereinfachten Bleichprofil zu finden, wird dieses in Polarkoordinaten mit $r = 0$ im Zentrum des Bleichprofils integriert. Integriert wird dabei bis zu einem Radius r_B. Mit $d\vec{r} = r\,dr\,d\theta$ gilt:

$$F_K(t) = \iint_{|\vec{r}| \leqslant r_B} C_{Dye}(\vec{r}, t)\,d\vec{r} = \int_0^{r_B} r C_{Dye}(r, t)\,dr \int_0^{2\pi} d\theta \tag{2.23}$$

Für zentrosymmetrische Bleichprofile reduziert sich das zweite Integral auf 2π. Daher:

$$F_K(t) = 2\pi \int_0^{r_B} r C_0\,dr - \frac{2A}{4D(t_p + t)} \int_0^{r_B} r \exp\left(\frac{-r^2}{4Dt_p}\right)\,dr \tag{2.24}$$

Das erste Integral ist leicht lösbar, das zweite tabelliert.[16] Man erhält:

$$F_K(t) = 2\pi \left[\frac{1}{2}r^2 C_0\right]_0^{r_B} - \frac{2A}{4D(t_p + t)} \left[-2D(t_p + t)\exp\left(\frac{-r^2}{4D(t_p + t)}\right)\right]_0^{r_B} \tag{2.25}$$

Und damit insgesamt:

$$F_K(t) = \pi r_B^2 C_0 + A\left[\exp\left(\frac{-r_B^2}{4D(t_p + t)}\right) - 1\right] \tag{2.26}$$

Als Fluoreszenzabfall in komplementärer Konzentration erhält man:

$$\tilde{F}_K(t) = A - A\exp\left(\frac{-r_B^2}{4D(t_p + t)}\right) \tag{2.27}$$

Prinzipiell ließen sich Gleichungen 2.26 und 2.27 an experimentell erhaltene Fluoreszenzregenerationen bzw. -abfälle anpassen um Diffusionskoeffizienten und Präparationszeiten zu bestimmen. Gegenüber der bisherigen Auswertung nach Axelrod ist die numerisch äußerst ungünstige Reihenentwicklung entfernt, der Fit wird mit einer analytischen Funktion durchgeführt. Dies bringt numerische Vorteile, allerdings muss der Diffusionskoeffizient nach wie vor durch eine Anpassung der Daten an ein relativ schlecht passendes Modell bestimmt werden.

Ziel ist es jetzt, die Anpassungen an Kurvenprofile basierend auf Modellannahmen zu eliminieren und stattdessen charakteristische Parameter ohne Anpassung zu bestimmen.

2.3.2 Berechnung von Flächenmomenten zur Bestimmung charakteristischer Parameter

Der Erwartungswert ist ein Mittelwert einer Verteilungsdichte. Er ist definiert als[17]:

$$\langle g(X) \rangle \equiv \int_{-\infty}^{\infty} dx f(x) g(x) \tag{2.28}$$

Dabei ist $f(x)$ die Verteilungsdichte. Für $g(x) = x^n$ bezeichnet man die speziellen Erwartungswerte auch als Momente einer Verteilung.

Die Normalverteilung hat durch ihre Symmetrie die besondere Eigenschaft, dass alle ungeraden, zentrierten Momente, also jene Momente der Normalverteilung, die im Ursprung zentriert sind, verschwinden.[17] Die Normalverteilung selbst ist eindeutig durch zwei Momente definiert: Das erste Moment, das den Schwerpunkt der Verteilung liefert, und das zweite Moment, das die Standardabweichung der Verteilung liefert. Im Falle einer zentrierten Verteilung verschwindet das erste Moment. Alle anderen Momente, sofern sie nicht verschwinden, sind Funktionen der Standardabweichung.

Alle Kumulanten, eine weitere Kenngröße von Verteilungsdichten, ab der dritten Ordnung verschwinden für die Normalverteilung. Die Kumulanten erster und zweiter Ordnung entsprechen den Momenten erster und zweiter Ordnung.

Es stellt sich die Frage, ob die Berechnung von Momenten einer Konzentrationsverteilung von Farbstoffmolekülen, wie sie bei der Auswertung von FRAP-Experimenten auftauchen, interessante Informationen über Mobilitätsparameter liefern kann. Möglicherweise kann das Moment der Fluoreszenzkonzentrationsverteilung auch dazu dienen, die Breite eines Bleichprofils für jede Zeit t zu bestimmen.

Für eine allgemeine Verteilung $f(\vec{r})$ berechnet sich das n-te Moment als:

$$M_n = \iint_{-\infty}^{\infty} \vec{r}^{\,n} f(r) \mathrm{d}\vec{r} \tag{2.29}$$

Für zentrosymmetrische Verteilungen erhält man:

$$M_n = 2\pi \int_0^{\infty} r^{n+1} f(r) \mathrm{d}r \tag{2.30}$$

Es sollen an dieser Stelle zunächst die Momente der komplementären Konzentration der Farbstoffmoleküle berechnet werden, also der Konzentration der gebleichten Moleküle. Diese wird durch die in Gleichung 2.20 gegebene zweidimensionale Gaußfunktion beschrieben.

Alle zu lösenden Integrale sind von der Form[18]:

$$\int_0^{\infty} x^n e^{-ax^2} \mathrm{d}r = \begin{cases} \frac{(2k-1)!!}{2^{k+1}a^k} \sqrt{\frac{\pi}{a}} & \text{wenn } n = 2k \\ \frac{k!}{2a^{k+1}} & \text{wenn } n = 2k+1 \end{cases} \tag{2.31}$$

Dabei ist $k!!$ das Produkt aller ungeraden Zahlen bis k und $k \in \mathbb{N}$.

Im Folgenden sind die ersten fünf Momente angegeben.

$$M_0 = A \tag{2.32}$$

$$M_1 = A\sqrt{\pi D(t_p + t)} \tag{2.33}$$

$$M_2 = 4AD(t_p + t) \tag{2.34}$$

$$M_3 = \frac{3}{4}\sqrt{\pi}A\big(\pi D(t_p + t)\big)^{\frac{3}{2}} \tag{2.35}$$

$$M_4 = 32AD^2(t_p + t)^2 \tag{2.36}$$

Diese Rohmomente können durch das 0. Moment – die Gesamtfläche der Gaußfunktion – geteilt werden, um so normierte Momente zu erhalten, die nicht mehr von der Gesamtintensität der Gaußfunktion abhängen. Normierte Momente sind allein von der Form der Funktionen abhängig. Für die Auswertung von FRAP-Experimenten mit gaußschen Bleichprofilen bringt das den Vorteil der Unabhängigkeit von der Intensität des zum Bleichen verwendeten Lasers und somit der Tiefe des erzeugten Bleichprofiles. Die normierten Momente sind gegeben als:

$$\frac{M_n}{M_0} \equiv m_n \tag{2.37}$$

Für die ersten fünf normierten Momente gilt:

$$m_0 = 1 \tag{2.38}$$

$$m_1 = \sqrt{\pi D(t_p + t)} \tag{2.39}$$

$$m_2 = 4D(t_p + t) \tag{2.40}$$

$$m_3 = \frac{3}{4}\sqrt{\pi}\big(\pi D(t_p + t)\big)^{\frac{3}{2}} \tag{2.41}$$

$$m_4 = 32D^2(t_p + t)^2 \tag{2.42}$$

Aus den Ausdrücken für die normierten Momente ergibt sich leicht sichtbar eine einfache Möglichkeit Diffusionskoeffizienten und t_p aus Achsenabschnitt und Steigung einer geeignet linearisierten Auftragung zu bestimmen. Das erste oder zweite normierte und zentrierte Moment einer zweidimensionalen Konzentrationsverteilung an fluoreszenzmarkierten Molekülen für verschiedene Zeiten wird bestimmt und gegen die Zeit aufgetragen. Eine Anpassung an die theoretischen Gleichungen für ebenjene Momente gibt direkt den Diffusionskoeffizienten D und die Präparationszeit t_p, die beispielsweise im zweiten normierten Moment als Ordinatenabschnitt auftaucht. Die Steigung ist unabhängig von dem fiktiven Parameter t_p und allein vom Diffusionskoeffizienten D bestimmt. Es stellt sich an dieser Stelle jedoch die Frage, ob eine solche Form der Auswertung auch in der Praxis realisierbar ist.

Eine solche Auswertung hätte mehrere Vorteile gegenüber jener von AXELROD. Zum Einen ist der Zeitpunkt des Bleichens nicht mehr notwendigerweise genau zu bestimmen. Eine

Ungenauigkeit in der Defintion des Zeitpunkts t_0 zeigt sich in einem anderen Wert der Präparationszeit t_p, der nur als Anpassungsparameter auftaucht. Beispielsweise würde sich in einer Auftragung des zweiten normierten Moments gegen die Zeit bei falsch bestimmtem Bleichzeitpunkt allein der Ordinatenabschnitt verschieben, ohne die Bestimmung des Diffusionskoeffizienten zu beeinflussen.

Zum Zweiten kommt die hier vorgestellte Auswertemethode ohne die Kenntnis einer Bleichprofilbreite aus, sofern sichergestellt ist, dass die Breite des Bleichprofils nicht gleich oder größer ist als die Integrationsgrenze. Dies wird üblicherweise nicht der Fall sein, da eine Integration über die Gesamte zur Verfügung stehende Fläche durchführen wird.

Des Weiteren ist die hier vorgestellte Gleichung eine rein analytische und kommt ohne die Berechnung einer schlecht konvergierenden, alternierenden, unendlichen Reihe aus.

Die Ableitung der Momente ist in diesem Abschnitt unter Benutzung der komplementären Konzentration an gebleichten Molekülen durchgeführt worden. In der Praxis wird allerdings die Konzentrationsverteilung von fluoreszenzmarkierten Molekülen gemessen. Im Folgenden sollen die Ausdrücke der Flächenmomente bei inverser Konzentrationsverteilung abgeleitet werden.

2.3.3 Momente der inversen Konzentrationsprofile

Für die im Experiment gemessene Konzentration an fluoreszenzmarkierten Farbstoffmolekülen können wir wie oben beschrieben vereinfachend schreiben:

$$C_{\mathrm{Dye}}(r, t) = z_0 - \frac{A}{4\pi D(t_p + t)} \exp\left(\frac{-r^2}{4D(t_p + t)}\right) \tag{2.43}$$

Dabei soll z_0 an dieser Stelle ein Offset sein, der die ursprüngliche, isotrope Konzentration vor dem Bleichen beschreibt. Die Definition der hier verwendeten Momente ist in Gleichung 2.29 gegeben. Angewendet auf obige Gleichung ergibt sich:

$$M_n^{\mathrm{inv}} = 2\pi \int_0^\infty r^{n+1} \left(z_0 - C_{Dye}(r, t)\right) \mathrm{d}r \tag{2.44}$$

Zusammen erhält man nun für die Rohmomente eines konstanten Offsets abzüglich einer Gaußfunktion:

$$M_0^{\text{inv}}(z_0) = \pi r_B^2 z_0 - A \tag{2.45}$$

$$M_1^{\text{inv}}(z_0) = \frac{2}{3} \pi r_B^3 z_0 - A\sqrt{\pi D(t_p + t)} \tag{2.46}$$

$$M_2^{\text{inv}}(z_0) = \frac{1}{2} \pi r_B^4 z_0 - 4AD(t_p + t) \tag{2.47}$$

$$M_3^{\text{inv}}(z_0) = \frac{2}{5} \pi r_B^5 z_0 - \frac{3\sqrt{\pi}}{4} A\left(4D(t_p + t)\right)^{\frac{3}{2}} \tag{2.48}$$

$$M_4^{\text{inv}}(z_0) = \frac{1}{3} \pi r_B^6 z_0 - 32AD^2(t_p + t)^2 \tag{2.49}$$

Hier wird deutlich sichtbar, dass der Anteil des konstanten Offsets in den allermeisten Fällen denjenigen der Gaußfunktion um ein Vielfaches übersteigen wird. Je größer r_B, desto kleiner ist der zeitabhängige Teil des Moments und desto schwieriger wird es sein aus einer Zeitreihe der Momente Mobilitätsparameter zu bestimmen.

Die normierten Momente ergeben sich analog zu denjenigen Momenten ohne einen konstanten, isotropen Offset als Quotient aus dem n-ten Moment und dem nullten Moment. Man erhält:

$$m_0^{\text{inv}}(z_0) = 1 \tag{2.50}$$

$$m_1^{\text{inv}}(z_0) = \frac{\frac{2}{3}\pi r_B^3 z_0 - A\sqrt{\pi D(t_p + t)}}{\pi r_B^2 z_0 - A} \tag{2.51}$$

$$m_2^{\text{inv}}(z_0) = \frac{\frac{1}{2}\pi r_B^4 z_0 - 4AD(t_p + t)}{\pi r_B^2 z_0 - A} \tag{2.52}$$

$$m_3^{\text{inv}}(z_0) = \frac{\frac{2}{5}\pi r_B^5 z_0 - \frac{3\sqrt{\pi}}{4} A\left(4D(t_p + t)\right)^{\frac{3}{2}}}{\pi r_B^2 z_0 - A} \tag{2.53}$$

$$m_4^{\text{inv}}(z_0) = \frac{\frac{1}{3}\pi r_B^6 z_0 - 32AD^2(t_p + t)^2}{\pi r_B^2 z_0 - A} \tag{2.54}$$

Im Gegensatz zu den vorher ohne einen Offset bestimmten normierten Momenten wird ersichtlich, dass sich Parameter wie die Gesamtintensität der Gaußfunktion nicht mehr bequem herauskürzen. Um weiterhin eine einfache Auswertung zu ermöglichen, wird es nötig sein, die Größe des Offsets z_0 aus experimentellen Daten zu bestimmen und die berechneten Momente um diesen Anteil zu korrigieren. Eine Anpassung von experimentell erhaltenen Daten ohne eine Korrektur des Offsets erscheint wegen der Größe des Offsetanteils und der Notwendigkeit der Anpassung eines zusätzlichen Parameters A unvorteilhaft.

Wie bereits gezeigt ist eine Korrektur möglich, so dass das Moment einer Konzentrationsverteilung und einer additiven Konstante als Summe des Moments der additiven Konstante und der Konzentrationsverteilung ausgedrückt werden kann. Wird also eine Konzentrationsverteilung mit einem Offset z_0 künstlich um einen weiteren Betrag x_0 angehoben oder abgesenkt, erhält man als neue Konzentrationsverteilung:

$$f(r) = z_0 + x_0 - C_{Dye}(r, t) \tag{2.55}$$

Man erhält letztendlich beispielhaft für das erste normierte Moment:

$$m_1^{inv}(z_0 + x_0) = \frac{\frac{2}{3}\pi r_B^3(z_0 + x_0) - A\sqrt{\pi D(t_p + t)}}{\pi r_B^2(z_0 + x_0) - A} \tag{2.56}$$

Wenn $z_0 = -x_0$ gilt, das Intensitätsbild einer FRAP-Messung also um den Wert von z_0 abgesenkt wird, geht das Moment in den oben abgeleiteten Ausdruck für ein Moment ohne Offset über. Es stellt sich an dieser Stelle die Frage, ob es einen Weg gibt, z_0 bzw. x_0 genau genug zu bestimmen. Zunächst soll allerdings der Einfluss des Rauschens als zusätzlicher Störquelle untersucht werden.

2.3.4 Einfluss des Rauschens

Bei der Aufnahme von Messdaten ist Rauschen nie zu verhindern. Es ist wichtig den Einfluss eines zufälligen Rauschens der Messwerte auf die Ergebnisse einer Auswertemethode zu kennen um abschätzen zu können, wie sicher mit dieser Methode getroffene Aussagen und berechnete Werte sind.

Um die oben beschriebene Auswertung mittels Flächenmomenten in ihrer Toleranz Rauschen gegenüber zu testen, wird zunächst angenommen, dass sich das Rauschen als ein gaußsches, weißes und völlig unkorreliertes Rauschen einer Standardabweichung σ um den Messwert modellieren lässt. In diesem Fall führt Rauschen zu statistisch verfälschten Werten der Fluoreszenzintensität. Es wird angenommen, dass es keine Unsicherheit in der Bestimmung der Dimensionen der aufgenommenen Konzentrationsverteilungen gibt, d.h. dass alle Radien genau bestimmt sind.

In der Praxis wird die Integration eines Intensitätsbildes aus einer FRAP-Messung immer diskret erfolgen, d.h. jeder Intensitätswert eines Pixels innerhalb eines zu integrierenden Bereichs wird aufaddiert. In diesem diskreten Bild berechnet sich das nullte Moment wie folgt:

$$M_0 = \sum_{k=0}^{N} f_k \tag{2.57}$$

Dabei ist f_k die Intensität im k-ten Pixel, das sich im Integrationsbereich befindet, d.h. für das gilt: $r(k) \le r_B$.

Für das n-te Moment gilt entsprechend:

$$M_n = \sum_{k=0}^{N} f_k r_k^n \qquad (2.58)$$

Anschaulich kann man sich vorstellen, dass im Laufe des FRAP-Experiments für jedes Pixel eine unabhängige Messung der Intensität durchgeführt wird. Die Aufnahme eines Intensitätsbildes lässt sich als Messung von $N \times M$ Intensitäten beschreiben, wobei N und M die Dimensionen des Bildes sind. Jede der einzelnen Intensitäten soll einem Rauschen der Standardabweichung σ unterliegen. Die Gesamtunsicherheit in der Summe aller Intensitäten lässt sich nun durch Gaußsche Fehlerfortpflanzung abschätzen, dabei gilt z.B. für das nullte Moment:

$$\Delta M_0 = \sqrt{\sum_{k=0}^{N} \left(\frac{\partial M_0}{\partial f_k} \sigma \right)^2} = \sigma \sqrt{\sum_{k=0}^{N} 1^2} = \sigma \sqrt{N} \qquad (2.59)$$

N ist hierbei die Anzahl der Pixel im Integrationsbereich, die wiederum von dem Integrationsradius r_B abhängt. Die Unsicherheit im nullten Moment steigt mit der Wurzel der Systemgröße an, die wiederum steigt mit dem Quadrat des Radius r_B, woraus sich abschätzen lässt, dass die Unsicherheit im nullten Moment in etwa linear mit dem Integrationsradius r_B ansteigt und proportional zur Standardabweichung des Rauschens ist.

Der Vorteil der Integration über einen großen Bereich eines Intensitätsbildes wird also durch das Problem relativiert, dass ein großer Bildbereich eine größere Streuung durch Rauschen zur Folge haben wird.

Das nullte Moment liefert keine Informationen über Mobilitätsparameter, es wird nur als Normierung für die höheren Momente gebraucht. Der Einfluss des Rauschens auf die höheren Momente lässt sich analog über die Fehlerfortpflanzung nach Gauß abschätzen:

$$\Delta M_n = \sqrt{\sum_{k=0}^{N} \left(\frac{\partial M_n}{\partial f_k} \right)^2} = \sigma \sqrt{\sum_{k=0}^{N} r_k^{2n}} \qquad (2.60)$$

Zur Auswertung der Summe aller potenzierten Radien kann hier näherungsweise die Summe wieder durch ein Integral ersetzt werden, es gilt:

$$\sum_{k=0}^{N} r_k^{2n} \simeq 2\pi \int_0^{r_B} r^{2n+1} \mathrm{d}r = \frac{2\pi r_B^{2n+2}}{2n+1} \qquad (2.61)$$

Daher:

$$\Delta M_n = \sigma \sqrt{\frac{2\pi r_B^{2n+2}}{2n+1}} \qquad (2.62)$$

Die Unsicherheit im n-ten Rohmoment steigt also mit einer Potenz des eingesetzten Integrationsradius. Dies zeigt, dass nach Möglichkeit keine Momente hoher Ordnung verwendet werden sollten, da deren Unsicherheit überproportional größer wird. Dabei ist angenommen worden, dass es keinen Fehler in der Bestimmung des Radius gibt.

Insgesamt zeigt sich, dass die durch einen konstanten Offset z_0 und das Rauschen verursachten Probleme eine Auswertung nach den Gleichungen 2.38 bis 2.42 unmöglich machen. Es ist an dieser Stelle notwendig eine Methode zu finden, die die Probleme beseitigt oder zumindest teilweise behebt. Im Folgenden soll eine Möglichkeit der Rauschreduktion durch Glättung beschrieben werden.

2.3.5 Unterdrückung des Rauschens mittels Faltung

Das Rauschen in einem Intensitätsbild aus einer FRAP-Messung lässt sich durch Glättung, beispielsweise durch die Faltung des Intensitätsbildes mit einer Gaußfunktion unterdrücken. Jeder Wert eines Pixels im Bild wird dabei durch die Summe aus gewichteten Werten der Nachbarpixel ersetzt. Die Gewichtung ist in diesem Fall ein Funktionswert einer normierten Gaußfunktion definierter Standardabweichung. Freilich wird durch die Faltung nicht nur das Rauschen in einem Bild beeinflusst, sondern auch das Bleichprofil. In dem Fall unseres vereinfachten Bleichprofils lässt sich die Auswirkung einer solchen Faltung allerdings analytisch berechnen.

Die Faltung ist für den eindimensionalen Fall definiert als[16]:

$$f \otimes g \equiv \int_{-\infty}^{\infty} f(x - \tau) g(\tau) \mathrm{d}\tau \qquad (2.63)$$

Üblicherweise wird aber dieses Integral nicht direkt berechnet, sondern das Faltungstheorem der Fouriertransformation benutzt.[16] Es gilt:

$$\mathscr{F}(f \otimes g) = \mathscr{F}(f) \cdot \mathscr{F}(g) \qquad (2.64)$$

Das Bleichprofil ist wie bereits beschrieben gegeben als:

$$C_{\mathrm{Dye}} = z_0 - \frac{A}{2\pi\sigma^2} \exp\left(\frac{-(x^2 + y^2)}{2\sigma^2}\right) \qquad (2.65)$$

Dabei gilt: $\sigma^2 = 2D(t_p + t)$.

Die Gaußfunktion, mit der die Konzentrationsverteilung des Farbstoffes zur Rauschreduktion gefalten werden soll, sei definiert als:

$$g(x, y) = \frac{1}{2\pi\sigma_g^2} \exp\left(\frac{-(x^2 + y^2)}{2\sigma_g^2}\right) \qquad (2.66)$$

Nach Durchführung der Faltung erhält man:

$$C_{\mathrm{Dye}} \otimes g = z_0 - \frac{A}{4\pi D(t_p + t) + 2\pi\sigma_g^2} \exp\left(\frac{-(x^2 + y^2)}{4D(t_p + t) + 2\sigma_g^2}\right) \qquad (2.67)$$

Der Hintergrund z_0 bleibt erhalten. Man erhält für die ersten vier Rohmomente:

$$M_0^{inv} = \pi r_B^2 z_0 - A \tag{2.68}$$

$$M_1^{inv} = \frac{2}{3}\pi r_B^3 z_0 - A\sqrt{\pi D(t_p + t) + \frac{1}{2}\pi \sigma_g^2} \tag{2.69}$$

$$M_2^{inv} = \frac{1}{2}\pi r_B^4 z_0 - A\left(4D(t_p + t) + 2\sigma_g^2\right) \tag{2.70}$$

$$M_3^{inv} = \frac{2}{5}\pi r_B^5 z_0 - \frac{3\sqrt{\pi}A}{4}\left(4D(t_p + t) + 2\sigma_g^2\right)^{\frac{3}{2}} \tag{2.71}$$

Für die normierten Momente ergibt sich dann:

$$m_0^{inv} = 1 \tag{2.72}$$

$$m_1^{inv} = \frac{\frac{2}{3}\pi r_B^3 z_0 - A\sqrt{\pi D(t_p + t) + \frac{1}{2}\pi \sigma_g^2}}{\pi r_B^2 z_0 - A} \tag{2.73}$$

$$m_2^{inv} = \frac{\frac{1}{2}\pi r_B^4 z_0 - A\left(4D(t_p + t) + 2\sigma_g^2\right)}{\pi r_B^2 z_0 - A} \tag{2.74}$$

$$m_3^{inv} = \frac{\frac{2}{5}\pi r_B^5 z_0 - \frac{3\sqrt{\pi}A}{4}\left(4D(t_p + t) + 2\sigma_g^2\right)^{\frac{3}{2}}}{\pi r_B^2 z_0 - A} \tag{2.75}$$

2.3.6 Momentenanalyse im Fourierraum

Eine Analyse des Bleichprofils im Fourierraum könnte einige Vorteile haben. Jeglicher konstanter Hintergrund wird im reziproken Raum allein als Amplitude des Nullwellenvektors auftauchen, so dass es einfacher scheint, den Hintergrund im reziproken Raum zu entfernen oder genauer zu bestimmen. Die Tatsache, dass eine Gaußfunktion im Fourierraum wieder eine Gaußfunktion ist, lässt darauf schließen, dass eine Momentenanalyse analog zu derjenigen im Normalraum möglich ist. Durch die Multiplikation des fouriertransformierten Bleichprofils mit einer Potenz des Wellenvektors wird leicht ersichtlich, dass die Amplitude des Null-Wellenvektors keine Rolle spielen wird und so der Hintergrund z_0 automatisch verschwindet.

Um das zu überprüfen, sollen an dieser Stelle die Momente des fouriertransformierten Bleichprofils berechnet werden. Mit der Transformation $a^2 + b^2 = K^2$ und $\sigma^2 = 2D(t_p + t)$ erhält man[18]:

$$F(K) = z_0\delta\left(K^2 - b^2\right)\delta\left(K^2 - a^2\right) - A\exp\left(-4\pi^2 D(t_p + t)K^2\right) \tag{2.76}$$

Die Momente berechnen sich nun als:

$$\tilde{M}_n = 2\pi \int_0^\infty K^{n+1} F(K) \, \mathrm{d}K \tag{2.77}$$

$$= 2\pi z_0 \int_0^\infty \delta\left(K^2 - b^2\right) \delta\left(K^2 - a^2\right) \mathrm{d}K - 2\pi A \int_0^\infty K^{n+1} \exp\left(-4\pi^2 D(t_p + t)K^2\right) \mathrm{d}K \tag{2.78}$$

Das erste Integral ist damit für alle K gleich 0, da die δ-Funktionen hier nur für $a = b = 0$ einen von 0 verschiedenen Wert haben. Im Folgenden kann dieses Integral immer weggelassen werden.

Es gilt:

$$\tilde{M}_n = -2\pi A \int_0^\infty K^{n+1} \exp\left(-4\pi^2 D(t_p + t)K^2\right) \mathrm{d}K \tag{2.79}$$

Integrale dieser Form sind bereits in Gleichung 2.31 gelöst. Eingesetzt erhält man für die ersten fünf Momente folgende Ausdrücke:

$$\tilde{M}_0 = \frac{-A}{4\pi D(t_p + t)} \tag{2.80}$$

$$\tilde{M}_1 = \frac{-A}{16\sqrt{\pi}^3 \sqrt{D(t_p + t)}^3} \tag{2.81}$$

$$\tilde{M}_2 = \frac{-A}{16\pi^3 \left(D(t_p + t)\right)^2} \tag{2.82}$$

$$\tilde{M}_3 = \frac{-3A}{128\sqrt{\pi}^7 \sqrt{D(t_p + t)}^5} \tag{2.83}$$

$$\tilde{M}_4 = \frac{-15A}{1024\sqrt{\pi}^{11} \sqrt{D(t_p + t)}^7} \tag{2.84}$$

Der konstante Offset z_0 ist durch die Fouriertransformation des Bleichprofils nur noch in dem Nullwellenvektor enthalten, durch Berechnung der Momente fällt dieser Anteil weg. Die Analyse im Fourierraum bietet also die Möglichkeit weiterhin Diffusionskoeffizienten zu berechnen, ohne einen störenden Einfluss des konstanten Offsets im Moment zu haben. Die Frage des Einflusses eines Rauschens im Bleichprofil muss allerdings noch bestimmt werden.

2.3.7 Nichtzentrierte Bleichprofile

In der Realität wird das bei einem FRAP-Experiment gebleichte Profil nicht im Zentrum eines aufgenommenen Fluoreszenzbildes sein. Die Berechnung von radialen Momenten, wie in den vorherigen Abschnitten dargelegt, erfordert jedoch die genaue Kenntnis des Zentrums, da die Integration jeweils vom Mittelpunkt des Profils durchgeführt wird. Es stellt sich an dieser Stelle die Frage, ob es möglich ist die beschriebene Methodik derart zu modifizieren, dass eine Bestimmung des Profilzentrums nicht durchgeführt werden muss, da diese immer fehlerbehaftet sein wird. Die Momente im Normalraum hängen auf nichttriviale Art und Weise von der Definition des Zentrums ab. Im reziproken Raum nach der Durchführung der Fouriertransformation wird die Information über die Lage des Bleichprofils im Normalraum auf eine einfachere Art und Weise als Phase sichtbar sein. Es zeigt sich, dass sich diese Phase relativ einfach durch Bildung des Betrags der Fouriertransformierten entfernen lässt, so dass die genaue Kenntnis des Zentrums des Bleichprofils irrelevant wird. Man kann somit beliebig positionierte Bleichprofile verwenden, ohne die genaue Position ihres Zentrums zu kennen.

2.3.8 Bestimmung des Diffusionskoeffizienten aus Momenten im Fourierraum

In den vorherigen Abschnitten ist ein Ausdruck für die Momente eines vereinfachten, gaußschen Bleichprofils abgeleitet worden, wobei die Position dieses Bleichprofils nicht relevant ist. Dabei erhält man einen relativ einfachen, analytischen Ausdruck für das Moment eines solchen Profils bei gegebener Zeit t. Für einen einfachen Fit dieser Funktionen an die berechneten Momente aus realen Zeitserien weisen die Funktionen allerdings zu viele Parameter auf, die nicht mehr ohne Weiteres zu trennen sind. Abhilfe schafft an dieser Stelle wieder die Auswertung der Quotienten unterschiedlicher Momente, beispielsweise der Quotient aus erstem und zweitem Moment im Fourierraum. Dadurch fallen Parameter wie die Gesamtintensität des Bleichprofils im Realraum durch Kürzen weg, der resultierende Ausdruck lässt sich in eine reduzierte Form überführen, bei der alle Parameter unabhängig voneinander fitbar sind.

Für diese Quotienten lässt sich ein allgemeiner Ausdruck angeben, der nicht nur auf Momente geradzahliger Ordnung beschränkt ist. Für das Moment im Fourierraum gilt dabei ohne Beschränkung der Ordnung n des Moments $\tilde{M}$ auf $n \in \mathbb{N}$[19]:

$$\tilde{M}_n = -2\pi A \int_0^\infty R^{n+1} \exp\left(-\pi^2 \alpha(t_p + t)\right) \mathrm{d}R \tag{2.85}$$

$$= A \frac{\Gamma\left(\frac{n}{2}+1\right)}{\pi^n \alpha^{\left(\frac{n}{2}+1\right)}} \tag{2.86}$$

Dabei ist $\alpha = 4Dt_p + 4Dt + 2\sigma_g^2$, σ_g ist die Standardabweichung der Gaußfunktion, mit der die Rauschreduktion nach Abschnitt 2.3.5 durchgeführt wurde. Γ ist dabei die Gammafunktion, die eine Verallgemeinerung der Fakultät darstellt.

Die Quotienten zweier Momente $\tilde{M}_m$ und $\tilde{M}_n$ sind nun:

$$\tilde{m}_{n,m} = \frac{\tilde{M}_n}{\tilde{M}_m} = \frac{A}{A} \frac{\Gamma\left(\frac{n}{2}+1\right)}{\Gamma\left(\frac{m}{2}+1\right)} \frac{\pi^m}{\pi^n} \frac{\alpha^{\left(\frac{m}{2}+1\right)}}{\alpha^{\left(\frac{n}{2}+1\right)}} \tag{2.87}$$

Dieser Ausdruck lässt sich zusätzlich vereinfachen durch folgende Eigenschaft der Gammafunktion:

$$\Gamma(z+1) = z\Gamma(z) \tag{2.88}$$

Man erhält letztendlich:

$$\tilde{m}_{n,m} = \frac{n}{m}\pi^{m-n}\left(4Dt_p + 4Dt + 2\sigma_g^2\right)^{\frac{m-n}{2}} \frac{\Gamma\left(\frac{n}{2}\right)}{\Gamma\left(\frac{m}{2}\right)} \tag{2.89}$$

Um diesen Ausdruck in eine Form zu überführen, deren Parameter allgemein unabhängig voneinander anpassbar sind, ist es notwendig den Faktor $4D$ auszuklammern. Die reduzierte Form ist dann:

$$\tilde{m}_{n,m} = C_1 \cdot (t + C_2)^{\frac{m-n}{2}} \tag{2.90}$$

Dabei gilt für C_1 und C_2:

$$C_1 = \frac{n\Gamma\left(\frac{n}{2}\right)}{m\Gamma\left(\frac{m}{2}\right)}\pi^{m-n}(4D)^{\frac{m-n}{2}} \tag{2.91}$$

$$C_2 = t_p + \frac{\sigma_g^2}{2D} \tag{2.92}$$

Aus dem Parameter C_1 lässt sich nun direkt der Diffusionskoeffizient D bestimmen, dabei gilt:

$$D = \frac{1}{4}\left(C_1 \frac{m\Gamma\left(\frac{m}{2}\right)}{n\Gamma\left(\frac{n}{2}\right)}\pi^{n-m}\right)^{\frac{2}{m-n}} \tag{2.93}$$

Der Parameter C_2 enthält ebenfalls den Diffusionskoeffizienten D, kann aber nicht zur Bestimmung benutzt werden, da er zusätzlich die unbekannte Präparationszeit t_p enthält. C_1 und C_2 bleiben dennoch voneinander unabhängig anpassbar.

3 Simulation von FRAP-Experimenten

Um die zuvor theoretisch beschriebenen Methoden einem Test zu unterziehen, sollen in diesem Kapitel Simulationen von FRAP-Experimenten durchgeführt werden. Die Simulation der Experimente wird mit der Programmiersprache PYTHON durchgeführt, speziell werden die PYTHON-Bibliotheken SCIPY[20] und NUMPY[20] für numerische Berechnungen, Integrationen, Fouriertransformationen und Handhabung von Arrays verwendet. Visualisierungen von Simulationsergebnissen werden für den zweidimensionalen Fall hauptsächlich mit Graphics Layout Engine (GLE)[21] und MATPLOTLIB[22] durchgeführt.

3.1 Simulation der lateralen Diffusion von Molekülen in einer Ebene

3.1.1 Diskretisierung des zweiten Fickschen Gesetzes

Für die Beschreibung von Diffusionsprozessen sind die FICKschen Gleichungen essentiell, im Besonderen das zweite FICKsche Gesetz.[15] Es gilt wie bereits zuvor beschrieben:

$$\frac{\partial C}{\partial t} = -D\nabla^2 C \tag{3.1}$$

Mit dem Laplaceoperator ∇^2:

$$\nabla^2 = \sum_k \frac{\partial^2}{\partial x_k^2} \tag{3.2}$$

Die FICKschen Diffusionsgleichungen sollen in den folgenden Simulationen nicht explizit, sondern numerisch gelöst werden. Dazu wird der infinitesimal kleine Zeitschritt dt durch einen hinreichend kleinen Schritt Δt ersetzt. Damit wird Gleichung 3.1 ersetzt durch:

$$\Delta C = -\Delta t D \nabla^2 C \tag{3.3}$$

Die Simulationen werden auf einem $N \times M$-Gitter auf diskreten Pixeln durchgeführt, der Gitterabstand zweier Pixel soll gleich h sein. Die zweite Ableitung durch den Laplaceoperator muss diskretisiert werden. An dieser Stelle soll die zweite Ableitung näherungsweise durch den Differenzenquotient ersetzt werden. Auf einer zweidimensionalen Funktion mit den Ortskoordinaten x und y und dem Funktionswert $f(x, y)$ an dieser Stelle gilt:

$$\nabla^2 f(x, y) \simeq \frac{4f(x, y) - f(x - h, y) - f(x + h, y) - f(x, y - h) - f(x, y + h)}{h^2} \tag{3.4}$$

Man erhält insgesamt für das zweite FICKsche Gesetz auf einem diskreten Gitter mit hinreichend kleinem Zeitschritt Δt:

$$\Delta C = -\Delta t \frac{D}{h^2} \left[4C(x, y) - C(x - h, y) - C(x + h, y) - C(x, y - h) - C(x, y + h) \right] \tag{3.5}$$

Der hier gezeigte Laplaceoperator stellt im Wesentlichen die Faltung eines diskreten Arrays mit einer Matrix folgender Form dar:

$$\frac{1}{h^2} \begin{pmatrix} 0 & -1 & 0 \\ -1 & 4 & -1 \\ 0 & -1 & 0 \end{pmatrix} \tag{3.6}$$

Eine solche Maske wird daher auch Laplace-Maske genannt. Es ist offensichtlich, dass eine solche Maske Anisotropieeffekte zeigen kann, besonders dann, wenn der Zeitschritt Δt zu groß gewählt wird. Eine bessere Approximation des Laplaceoperators kann möglicherweise durch eine andere Maske erreicht werden, deren Eckelemente von Null verschieden sind, wobei zu beachten ist, dass die Summe aller Elemente der Maske gleich 0 sein muss. In der Praxis zeigt sich diese einfache Maske allerdings als völlig ausreichend.

An den Rändern des Simulationsarrays ist eine Faltung mit oben gezeigter Maske durch fehlende Punkte über den Rand hinaus nicht mehr möglich, es ist nötig Randbedingungen anzugeben. Möglich sind beispielsweise reflektorische Randbedingungen, bei denen die Pixel, die außerhalb des Bildes liegen, durch an dem Rand gespiegelte Pixel aus dem Inneren des Arrays ersetzt werden. Möglich ist es auch periodische Randbedingungen zu erzeugen, indem das Bild gedanklich über den Rand hinaus mit Pixeln von der gegenüberliegenden Kante verlängert wird.

Um die Qualität der so erzeugten Simulation von Diffusion zu prüfen, bietet es sich an, die Entwicklung einer Konzentrationsfunktion mit der Zeit zu betrachten, deren analytische Lösung durch das zweite FICKsche Gesetzt bekannt ist. Ein Beispiel wäre die Entwicklung einer Gaußfunktion mit der Zeit, wie sie im vorherigen Kapitel verwendet wurde, da deren zeitliche Entwicklung einfach analytisch beschreibbar ist. Es sei eine Gaußfunktion folgender Form definiert:

$$f(x, y, t) = \frac{A}{4\pi D t_p + 4\pi D t} \exp\left(\frac{-x^2 - y^2}{4D t_p + 4D t}\right) \tag{3.7}$$

Dabei ist A die Fläche der Gaußfunktion, $\sigma^2 = 2Dt_p + 2Dt$ die Varianz, D der Diffusionskoeffizient und t die Zeit. Auf einem zweidimensionalen Array, dessen Ursprung im Zentrum liegt, wird nun der Funktionswert der obigen Gleichung in den entsprechenden Gitterpunkt der Arrays geschrieben. Die zeitliche Entwicklung der initialen Konzentration wird nun anhand der Gleichung 3.5 berechnet und mit der analytischen Lösung gemäß Gleichung 3.7 verglichen, dabei wird ein Schnittbild dieses Arrays durch den Ursprung aufgetragen.

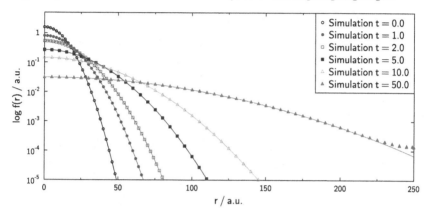

Abbildung 3.1: Auftragung von Schnitten durch ein zweidimensionales Array, die jeweils durch den Ursprung verlaufen, gegen den Abstand des betreffenden Pixels vom Ursprung. Zu einem Zeitpunkt $t = 0$ wurde eine gaußsche Konzentrationsverteilung nach Gleichung 3.7 auf das Array gegeben und dessen zeitliche Entwicklung nach Gleichung 3.5 berechnet. Die Punkte stellen jeweils simulierte Werte dar, während die durchgezogenen Linien die theoretische Form des Schnitts nach Gleichung 3.7 darstellen. Eine Abweichung ist nur bei $t = 50.0$ für große Radien r zu sehen, die allein durch Randeffekten durch ein zu klein gewähltes Simulationsarray erklärt werden kann.
Als Simulationsparameter gelten $A = 1000.0$, $\Delta t = 0.005$, $D = 50.0$. Die Simulationsarena hat eine Größe von 500×500 Pixeln, dementsprechend reichen die Radien r bei einem Ursprung im Zentrum des Bildes von 0 bis 250.

Der Ansatz der Diskretisierung des Laplaceoperators auf diese Art und Weise ist (wie in der Abbildung 3.1 zu sehen) sehr gut, die nötigen Zeitschritte sind groß genug um eine nicht zu lange Simulationszeit zu ermöglichen. Begrenzt wird diese Methode natürlicherweise durch die Dimensionen der Simulationsarena. Für zu kleine Arenen wird durch die reflektorischen Randbedingungen eine Abweichung von theoretischen Schnitten beobachtet. Je kleiner die Arena, desto früher tritt bei dieser Form von initialen Konzentrationsverteilungen eine Abweichung von theoretischen Werten auf. Eine Vergrößerung der Kantenlänge der Simulationsarena führt zu einem quadratischen Anstieg in der zur Simulation benötigten Zeit, so dass immer eine Abwägung zwischen schneller Simulation und akkuraten Werten in Randbereichen stattfinden muss.

3.1.2 Abschätzung der Effekte durch eine endliche Simulationsarenagröße

Um eine solche Abwägung zu ermöglichen, soll an dieser Stelle der Einfluss des Randes auf die Genauigkeit von simulierten Konzentrationen näher untersucht werden. Randeffekte treten genau dann auf, wenn sich ein durch Diffusion in der Zeit entwickelndes Konzentrationsprofil eine Breite in der Größenordnung der Simulationsfeldgröße erreicht hat. Aus dem vorherigen Kapital kennen wir die Breite eines vereinfachten Bleichprofils für die FRAP-Analyse, bei der die Intensität im Zentrum des Profils auf den e^{-2}-ten Teil abgefallen ist. Es ist vernünftig anzunehmen, dass wir mit wesentlichen Fehlern in diesem Integral rechnen müssen, wenn der Integrationsradius r_B dieser Breite entspricht, die (siehe Abschnitt 2.3.1) gegeben ist als:

$$w = \sqrt{8D(t_p + t)} \tag{3.8}$$

Ausgedrückt in Breiten w lässt sich Gleichung 3.7 schreiben als:

$$f(x, y, w) = \frac{2A}{\pi w^2} \exp\left(\frac{-2x^2 - 2y^2}{w^2}\right) \tag{3.9}$$

Als Test soll das Integral in Polarkoordinaten über diese zweidimensionale Gaußfunktion dienen:

$$\int_0^{r_B} f(r, w)\mathrm{d}r = \frac{4A}{w^2} \int_0^{r_B} r \exp\left(\frac{-2r^2}{w^2}\right)\mathrm{d}r = A - A\exp\left(\frac{-2r_B^2}{w^2}\right) \tag{3.10}$$

Das Integral ist also wie erwartet für $\lim_{r_B \to \infty}$ gleich A, eine Auftragung des ausgewerteten Integrals für r_B in Einheiten von w ist in Abbildung 3.2 zu sehen. Es zeigt sich deutlich, dass die verwendeten Integrationsgrenzen für eine genaue Bestimmung des Integrals wesentlich größer sein müssen als die Breite w, da sonst das Integral systematisch zu klein bestimmt wird. Als Faustregel kann gelten, dass die Integrationsgrenze r_B in etwa doppelt so groß sein sollte wie die Breite w der Gaußfunktion, um wesentliche Fehler auszuschließen.

Bei der Berechnung von Momenten werden sich Randeffekte noch stärker auswirken, da gerade Teile der Funktion weit vom Zentrum entfernt durch die Multiplikation mit einer Radialkoordinate stärker gewichtet werden. Zusätzlich werden Fehler durch eine endliche Simulationsarenagröße durch die Fouriertransformation eingeführt, bei deren diskreter Variante die zu erzielende Auflösung von der Größe des fouriertransformierten Arrays abhängt.

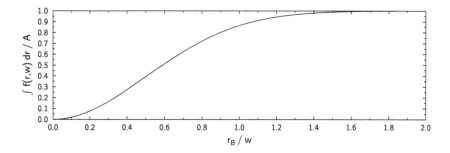

Abbildung 3.2: Auftragung der mit der Gesamtfläche A normierten Integrals der Funktion $f(r, w)$ von 0 bis r_B in Einheiten von w. Für große r_B ist das ausgewertete Integral sehr nah an dem tatsächlichen Wert. Um sicherzustellen, dass die numerisch bestimmten Integrale den tatsächlichen nahe sind, sollte die Integrationsgrenze r_B immer in etwa doppelt so groß oder größer sein als die Breite des Profils w.

Wird eine über die Ränder der Simulationsarena breite Gaußfunktion fouriertransformiert, so wird der fehlende Teil der Gaußfunktion als eine Art Kante zu hochfrequenten Besselfunktionsanteilen in der Fouriertransformierten führen, die wiederum bei der Berechnung der Momente Probleme verursachen wird.

3.1.3 Erzeugung von Musterdatensätzen

Um die zuvor beschriebene Methode zu testen werden Musterdatensätze fluoreszenzmikroskopischer FRAP-Experimente erzeugt und anschließend der Diffusionskoeffizient aus diesen Musterdatensätzen mittels Momentenmethode bestimmt. Der Vorteil des Tests der Methode mit künstlichen Datensätzen liegt in der genauen Kenntnis des eingesetzten Diffusionskoeffizienten und der völligen Kontrolle über zusätzliche Bedingungen wie beispielsweise Rauschen, Bildgröße, Form der Bleichprofile usw. Im Folgenden wird hauptsächlich mit Datensätzen von 20–40 Bildern pro Simulation gearbeitet. Da die meisten fluoreszenzmikroskopischen Aufnahmen eine Größe von 512 x 512 Pixeln haben, soll in dieser Arbeit hauptsächlich mit Simulationsarenen in dieser Größenordnung gerechnet werden.

Zunächst wird ein leeres Array der gewünschten Größe initialisiert, welches entweder mit Nullen gefüllt ist oder einen konstanten Offset z_0 enthält. Auf dieses Array wird das gewünschte Profil addiert, üblicherweise eine Gaußfunktion, wie sie in Gleichung 3.7 gegeben ist. Im Falle einer Gaußfunktion wird die zeitliche Entwicklung des Profils analytisch durch Einsetzen verschiedener Werte für die Zeit t erhalten, andernfalls wird für jeden Zeitschritt

Δt das Array mit einer Laplace-Maske gefaltet, mit Δt multipliziert und auf die Maske des vorherigen Zeitschritts addiert. Dabei werden periodische Randbedingungen verwendet. Die Einstellung des gewünschten Diffusionskoeffizienten erfolgt nicht direkt durch den Parameter D in den Gleichungen, sondern durch Stauchung oder Streckung der Zeitachse, so dass aus einem Musterdatensatz mit einem festen Parameter D im Wesentlichen alle möglichen Diffusionskoeffizienten simuliert werden können.

Die Simulationen werden in jedem Falle so gestaltet, dass das letzte Bild eines Datensatzes ein Bleichprofil zeigt, dessen Breite die Dimensionen des Bildes nicht überschreitet. So wird verhindert, dass sich sich Randeffekte zu stark auf die Rechnungen auswirken. Bei einer Bildgröße von 500 x 500 Pixeln liegt die maximal noch verwendete Bleichprofilbreite[1] am Ende des Datensatzes bei ca. 360 Pixeln.

3.1.4 Numerische Berechnung der Momente

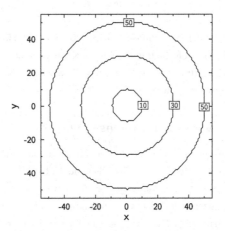

Abbildung 3.3: Darstellung diskreter Kreismasken für drei kleine Radien. Die Abweichung von tatsächlichen Kreisen wird für größere Radien kleiner.

Die Berechnung von Momenten in Simulationen wird, anders als in der theoretischen Beschreibung der Methode dargelegt, nicht durch Integration durchgeführt. Bei Simulationen wie auch bei experimentell aufgenommenen fluoreszenzmikroskopischen Bildern liegt ein

---

[1] Bei gaußschen Bleichprofilen ist die Breite gegeben als $w = \sqrt{8D(t_p + t)}$, bei nicht nichtgaußschen Profilen wird die Breite um das Zentrum des initialen Bleichprofils gewählt, bei der die Intensität auf den e^{-2}-ten Teil der maximalen Anfangsintensität abgefallen ist.

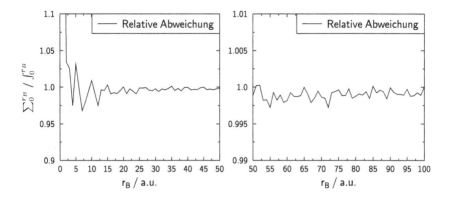

Abbildung 3.4: Vergleich zwischen Kreisflächen berechnet aus diskreter Summierung über Pixel innerhalb einer kreisförmigen Maske mit den Flächen aus dem analytischen Ausdruck. Links ein Ausschnitt für relativ kleine Radien, auf der rechten Seite für größere Radien mit anderer Skalierung. Deutlich sichtbar ist der relativ große Fehler in der Diskretisierung bei kleinen Radien, für große Radien über etwa $r_B = 100$ ist die diskrete Fläche hinreichend genau verglichen mit dem analytischen Ausdruck.

diskretes Pixelgitter endlicher Größe und Auflösung vor. Stattdessen wird zunächst eine kreisförmige Maske um ein Zentrum generiert, dass die polaren Integrationsgrenzen festlegen soll. Anschließend werden alle Pixelwerte innerhalb der kreisförmigen Maske mit der entsprechenden Potenz einer Radialkoordinate multipliziert und jedes so gewichtete Pixel innerhalb der Maske summiert. Am Ende der Analyse werden die erhaltenen Diffusionskoeffizienten von Pixeleinheiten in reale Einheiten umgerechnet werden. Konkret wird folgende Substitution durchgeführt:

$$M_n^{\text{Analytisch}} = 2\pi \int_0^{r_B} q^{n+1} f(q) \, \mathrm{d}q \tag{3.11}$$

$$M_n^{\text{Diskret}} = \sum_i \left(q_i^n f_i(q) \right) \; \forall \; q_i \leqslant r_B \tag{3.12}$$

Dabei ist q bzw. q_i die Radialkoordinate im Realraum bzw. im reziproken Raum und $f(q)$ die entsprechende Profilfunktion.

Eine Darstellung einer kreisförmigen Maske, wie sie in den Simulationen üblicherweise verwendet wird, ist in Abbildung 3.3 zu sehen. Man erkennt deutlich die Problematik der Diskretisierung: Eine solche Pixelmaske kann immer nur eine Annäherung an einen Kreis darstellen. Dies wird besonders deutlich für Pixelmasken kleineren Durchmessers. Zur Veranschaulichung des Fehlers bei der Diskretisierung wird die Fläche von Kreisen unterschiedlicher Radien berechnet und die diskrete Summierung über eine kreisförmige Maske mit dem analytischen Ausdruck πr^2 verglichen. Die kreisförmige Maske wird dabei über ein Array gelegt, dessen Elemente alle den Wert 1 haben. Eine solche Auftragung ist in Abbildung 3.4 zu sehen.

3.1.5 Auflösung der Fouriertransformierten und Zeropadding

Die Auflösung der Fouriertransformierten ist abhängig von der Größe des fouriertransformierten Arrays. Bei einer Bildgröße von N x N Pixeln mit der Pixelbreite 1 ist die erreichte Pixelbreite im Fourierraum nach der Durchführung der DFFT gegeben durch:

$$\Delta k = \frac{1}{N} \tag{3.13}$$

Wobei Δk die Breite eines Pixels im Fourierraum. Klar ersichtlich ist, dass eine höhere Auflösung erreicht werden kann, indem ein größeres Bild zur Fouriertransformation verwendet wird. Da aber üblicherweise die Größe der fluoreszenzmikroskopischen Aufnahmen nicht beliebig wählbar ist, sondern einen Kompromiss aus Größe und Aufnahmezeit darstellt, muss die Auflösung durch eine andere Methode gesteigert werden.

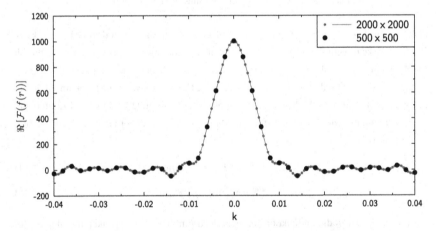

Abbildung 3.5: Schnitt durch den Realteil der Fouriertransformierten einer Gaußfunktion mit weißem Rauschen durch den Ursprung aufgetragen gegen den Wellenvektor. Deutlich sichtbar ist die gesteigerte Anzahl an auswertbaren Punkten im relevanten Bereich durch Vergrößerung des Arrays mittels Zeropadding.

Dabei kommt das sogenannte Zeropadding ins Spiel. Dabei wird ein existierendes Array in alle Richtungen vergrößert und die neu geschaffenen Punkte mit Nullen belegt. Unter der Annahme, dass in dem Originalbild kein Offset in z-Richtung vorhanden war und es am Rande des Originalbildes keinen Sprung von Werten ungleich 0 zu Werten gleich 0 im Zeropaddingbereich gibt, ist die Fouriertransformierte des erweiterten Bildes identisch mit der Fouriertransformierten des Originalbildes, hat aber eine deutlich größere Auflösung und damit mehr Punkte die zur Auswertung herangezogen werden können.

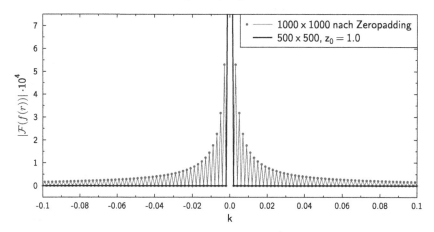

Abbildung 3.6: Betrag der Fouriertransformierten einer 500 x 500 Pixel Arena mit einem konstanten Offset $z_0 = 1.0$ vor und nach Zeropadding um 250 Pixel. Deutlich sichtbar ist das Auftreten von besselfunktionsähnlichen Artefakten durch den Sprung am Rande des Originalbildes.

Dieses Zeropadding wird besonders dann wichtig, wenn die Bleichprofile im Normalraum sehr breit geworden sind und damit im Fourierraum nur noch sehr kleine Breiten besitzen. Ist diese Breite in der Größenordnung oder unterhalb der Auflösung gegeben in Gleichung 3.13, so werden aus solchen Bildern berechnete Momente starke Diskretisierungsfehler aufweisen. Eine schematische Veranschaulichung der größeren Auflösung durch Zeropadding ist in Abbildung 3.5 zu sehen. Dabei wurde die Fouriertransformierte einer Gaußfunktion mit einem gaußschen, additiven, weißen Rauschen bei zwei verschiedenen Simulationsgrößen fouriertransformiert und ein Schnitt des Realteils der Fouriertransformierten durch den Ursprung gegen die Frequenzkoordinate aufgetragen. Wird das ursprünglich 500 x 500 Pixel große Array durch Zeropadding auf eine Größe von 1000 x 1000 Pixeln gebracht, so sind in dem relevanten Bereich um den Ursprung zweimal so viele Punkte zur Auswertung verfügbar. Problematisch wird das Zeropadding, wenn das zu erweiternde Bild einen konstanten Offset aufweist. Die Fouriertransformation überführt konstante Offsets in eine einzelne Amplitude des Null-Wellenvektors, so dass ein solcher Offset bei der Berechnung von Momenten keine Rolle spielt. Wird aber das Bild mit Nullen erweitert, so wird auch der Offset im Bild von einem konstanten Hintergrund in ein Plateau der Originalbildgröße und der Höhe des Offsets überführt. Dieses Plateau liefert in der Fouriertransformation keine einzelne Amplitude mehr, sondern führt zu einer charakteristischen Besselfunktion. Anschaulich ist dies in Abbildung 3.6 zu sehen. Hier ist ein Array der Größe 500 x 500 Pixeln mit einem konstanten Offset von $z_0 = 1.0$ einer Fouriertransformation unterzogen worden. Wie erwartet findet sich nur im Ursprung des Frequenzraumes eine von Null verschiedene Amplitude. Wird dieses Array aber um 250 Pixel an Nullen in jede Richtung vergrößert und erneut fouriertransformiert, zeigt sich ein charakteristisches Artefakt um den Ursprung.

3.1.6 Beschreibung des Algorithmus

Im Folgenden soll der konkrete Algorithmus der Bestimmung von Diffusionskoeffizienten aus einem Musterdatensatz beschrieben werden, dabei kann der Musterdatensatz auch ein Satz aus Bildern eines realen fluoreszenzmikroskopischen FRAP-Experiments sein.

Zunächst wird das erste Bild der Zeitserie als Array aus Fließkommazahlen geladen, in dem das Bleichprofil bereits vorhanden ist. Dies wird als der Zeitpunkt $t = 0$ betrachtet. Es ist dabei nicht wichtig, ob dieses Bild dem tatsächlichen Bleichzeitpunkt $t = 0$ entspricht. Eine Veränderung des Startzeitpunktes ändert in der Analyse nicht den Diffusionskoeffizienten D, sondern die Präparationszeit t_p. Die Analyse bleibt auch bei ungenauer Kenntnis des Bleichzeitpunktes genau, solange die Zeit zwischen zwei Aufnahmen genau bekannt ist. Dies ist in der Realität wesentlich einfacher als die Aufnahme eines Bildes zur Bleichzeit $t = 0$.

Vor der eigentlichen Analyse des Bildes wird eine grobe Hintergrundreduktion durchgeführt, um später Artefakte durch Zeropadding zu reduzieren. Dazu wird der Mittelwert aller Pixelintensitäten bestimmt, die sich nicht weiter als etwa 10 Pixel vom Rand entfernt befinden. Alle Pixel des Bildes werden nun von diesem Wert abgezogen. Dadurch wird gleichzeitig die Konzentration an fluoreszenzmarkierten Molekülen in die inverse Konzentrationsverteilung der gebleichten Moleküle überführt.

Es wird keine Positionsbestimmung des Bleichprofilzentrums durchgeführt, ebensowenig ist es notwendig die Breite des initialen Bleichprofils zu kennen.

Das Intensitätsbild wird nun mittels zweidimensionaler FFT der PYTHON-Bibliothek NUM-PY[20] fouriertransformiert. Das Intensitätsbild im reziproken Raum wird nun durch Multiplikation einer Gaußfunktion apodisiert. Diese Funktion hat die Form:

$$g(\vec{K}) = \exp\left(-2\pi^2 \sigma_g^2 \vec{K}^2\right) \tag{3.14}$$

Auf die Wahl eines angemessenen Werts der Breite der Apodisierung σ_g wird in einem späteren Abschnitt näher eingegangen. Dabei ist zu beachten, dass die Breite der Apodisierung sich hier auf die Breite der Funktion im Normalraum bezieht. Große Werte für σ_g entsprechen schmalen Gaußfunktionen im reziproken Raum, während kleine Werte für σ_g breiten Funktionen im reziproken Raum entsprechen.

Zwei Momente unterschiedlicher Ordnung werden nun aus dem Absolutwert des apodisierten Intensitätsbild im reziproken Raum berechnet, dabei gilt:

$$\tilde{M}_n^{\text{Diskret}} = \sum_{k \leqslant r_B} \left| k^n I(k) \right| \tag{3.15}$$

Zu wählen sind dabei relativ niedrige Momente > 1, beispielsweise $n = 1.0$ und $m = 2.0$.

Der Quotient dieser beiden Momente zu diesem Zeitpunkt wird berechnet und abgespeichert. Anschließend wird die Prozedur beginnend mit der groben Hintergrundkorrektur bis zum Quotienten der Momente für alle anderen Bilder der Zeitserie durchgeführt.

Anschließend wird eine Anpassung des experimentell erhaltenen Momentenquotienten $\tilde{m}_{n,m}(t)$ an folgende Gleichung durchgeführt:

$$\tilde{m}_{n,m} = C_1 \cdot (t + C_2)^{\frac{m-n}{2}} \tag{3.16}$$

Der Diffusionskoeffizient berechnet sich aus den Fitparametern nach Gleichung 2.93:

$$D = \frac{1}{4}\left(C_1 \frac{m\Gamma\left(\frac{m}{2}\right)}{n\Gamma\left(\frac{n}{2}\right)} \pi^{n-m}\right)^{\frac{2}{m-n}} \tag{3.17}$$

Wird zur Berechnung das erste und das zweite Moment gewählt, vereinfacht sich obige Gleichung wie folgt:

$$D = \frac{C_1^2}{\pi^3} \tag{3.18}$$

Zuletzt muss der so erhaltene Diffusionskoeffizient von Pixeleinheiten in reale Einheiten umgerechnet werden. In der bisherigen Analyse ist davon ausgegangen worden, dass die Pixel der Intensitätsbilder die Breite 1 haben. Der reale Diffusionskoeffizient ergibt sich nun mit der Pixelbreite Δp als:

$$D_{\text{real}} = D \cdot (\Delta p)^2 \tag{3.19}$$

3.2 Benchmarks der Momentenmethode

3.2.1 Wahl der Apodisierungsbreite σ_g

Die Wahl einer angemessenen Breite der Apodisierung von fouriertransformierten Intensitätsbildern ist essenziell für eine akkurate Bestimmung des Diffusionskoeffizienten. Um von der Lage des Bleichprofilzentrums im zweidimensionalen Intensitätsbild unabhängig zu sein, wird für diese Analyse der Absolutwert der Fouriertransformierten verwendet.

Das Rauschen in Experimenten ist gut als gaußsches, weißes Rauschen beschreibbar – alle Frequenzen im Rauschen haben also eine ähnliche Amplitude. Durch Fouriertransformation wird sich die Charakteristik dieses Rauschens nur wenig ändern. Wird nun der Absolutwert der Fouriertransformation verwendet, so wird Rauschen um 0 in ein Rauschen um einen endlichen Wert n_R transformiert, da alle negativen Amplituden das Vorzeichen wechseln. Dies führt bei Vorhandensein von Rauschen zu einem künstlichen Offset im reziproken Raum.

Apodisierung unterdrückt dieses Problem und entspricht im Normalraum einer Glättung des Intensitätsbildes. Die zur Apodisierung verwendete Funktion kann aber nicht beliebig schmal sein, da sonst nur noch sehr wenige Punkte zur Auswertung zur Verfügung stehen. Zeropadding ist eine Möglichkeit dieses Problem zu beheben, da durch Zeropadding die Auflösung der Fouriertransformation erhöht wird, mehr Punkte zur Auswertung im relevanten Bereich zur Verfügung stehen und so eine stärkere Apodisierung zur Rauschunterdrückung gewählt werden kann.

Zur Bestimmung eines optimalen Bereichs der Apodisierungsbreite σ_g sollen an dieser Stelle Benchmarks mit einem Musterdatensatz durchgeführt werden, der unterschiedlich starkem Zeropadding unterworfen wird. Der aus diesem Musterdatensatz bestimmte Diffusionskoeffizient wird als Funktion der Apodisierungsbreite σ_g aufgetragen. Zusätzlich soll die Amplitude des künstlich eingeführten, gaußschen, weißen Rauschens variiert werden, um den Einfluss des Rauschens auf die optimale Apodisierungsbreite zu untersuchen.

Musterdatensätze ohne Rauschen - Einfluss der Ordnung der Momente

Zunächst wird einerseits der Einfluss des Zeropaddings und der Einfluss der Ordnungen der verwendeten Momente auf die Bestimmung eines Diffusionskoeffizienten von Musterdatensätzen näher betrachtet. Ein Musterdatensatz eines gaußschen Bleichprofils der initialen Bleichprofilbreite $w_0 = 60$ Pixel und der Endbreite $w_1 = 200$ Pixel wurde mit zuvor beschriebener Methode analysiert. Dabei wird in der Analyse folgender Quotient an Momenten verwendet:

$$\bar{m}_{n,1} = \frac{\tilde{M}_n}{\tilde{M}_1} \tag{3.20}$$

Als Normierung wird immer das 1. Moment verwendet, die Ordnung des anderen Moments wird variabel gehalten um den Einfluss dieses Parameters zu überprüfen.

In diesem Musterdatensatz wurde kein Rauschen und kein Offset eingesetzt, der Bleichpuls liegt zentriert in der Mitte der Simulationsarena. Die Arena ist 500 x 500 Pixel groß. Die anfängliche Maximalintensität des Bleichprofils liegt bei 1, der eingestellte Diffusionskoeffizient ebenfalls bei 1. Andere Diffusionskoeffizienten sind durch geeignete Transformation der Zeitachse einstellbar. Die Anzahl der Bilder in der gesamten Zeitserie beträgt 30. Der Musterdatensatz ist so gewählt, dass zu Ende der Simulation ein relevanter Teil des Bleichprofils außerhalb des Bildes liegt, um Randeffekte und ihre systematischen Auswirkungen auf Diffusionskoeffizientenbestimmungen zu untersuchen.

Der Diffusionskoeffizient wurde jeweils für 27 Apodisierungsbreiten σ_g zwischen 30 und 160 bestimmt, die Prozedur wurde nach Zeropadding des Musterdatensatzes wiederholt. Die erhaltenen Diffusionskoeffizienten sind in Abbildung 3.7 zu sehen.

Deutlich zu sehen ist ein nur sehr schlecht bestimmter Diffusionskoeffizient für den Musterdatensatz ohne ein Zeropadding. Die Abweichung zum tatsächlichen Diffusionskoeffizienten liegt im besten Falle bei etwa 10 %, für stärkere Apodisierung wird der Wert immer schlechter. Der Abfall des bestimmten Diffusionskoeffizienten für große σ_g lässt sich durch die ungenügende Auflösung der Fouriertransformation erklären. Für eine so kleine Simulationsarena ist die Anzahl der auszuwertenden Punkte im reziproken Raum ohnehin sehr gering, wird aber zusätzlich eine starke Apodisierung angewendet, so liegen nur noch einige wenige Punkte im für die Momente relevanten Bereich, so dass keine aussagekräftige Analyse mehr möglich ist.

Gestützt wird dies durch die Tatsache, dass bei Anwendung des Zeropaddings zum einen der bestimmte Diffusionskoeffizient deutlich besser und zum anderen der Abfall des Diffusionskoeffizienten für große σ_g immer flacher wird. Aus mathematischer Sicht geht durch Apodisierung keine Information verloren, es sollte daher keine Abhängigkeit des Diffusionskoeffizienten von der Apodisierungsbreite σ_g geben, in der Realität ist die FFT in ihrer Auflösung jedoch begrenzt.

Die Abweichung des Diffusionskoeffizienten bei kleinen σ_g ist hingegen nicht durch Auflösungseffekte zu erklären. Allerdings ist die Endbreite des Bleichprofils in dieser Simulation so groß, dass ein relevanter Anteil des Bleichprofils außerhalb des zu analysierenden Bildes liegt. Dadurch kommt es in der Fouriertransformation zu Randeffekten in Form von Besselanteilen. Veranschaulicht wird dies in Abbildung 3.8. Für einen analogen Musterdatensatz mit gleichen Parametern, aber einer Simulationsarenagröße von 1000 x 1000 Pixeln wurde der Diffusionskoeffizient bestimmt. Selbst ohne Zeropadding ist der dort bestimmte Diffusionskoeffizient für kleine σ_g wesentlich besser als zuvor, da hier nur noch kleine Randeffekte auftauchen.

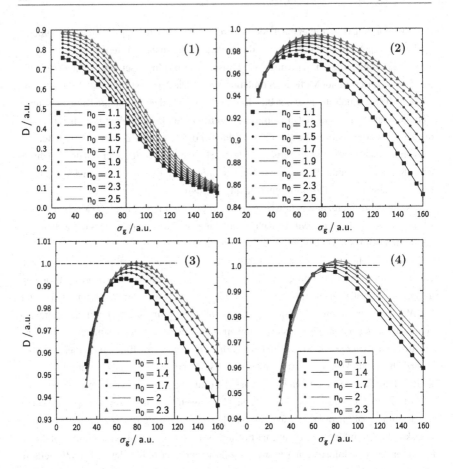

Abbildung 3.7: Auftragung des bestimmten Diffusionskoeffizienten D als Funktion der Apodisierungsbreite σ_g für verschiedene Größen des Zeropaddings:

(1): Kein Zeropadding

(2): Zeropadding von 500 Pixeln

(3): Zeropadding von 1000 Pixeln und

(4): Zeropadding von 2000 Pixeln. Zusätzlich farblich codiert sind bestimmte Diffusionskoeffizienten unter Verwendung Momente verschiedener Ordnungen. Höheres
Zeropadding führt zu deutlich näheren Werten von D am gegebenen Wert von $D_0 = 1$.
Die Verwendung von Momenten höherer Ordnung zeigt systematisch größere Werte
für D bis auf den Bereich für kleine Apodisierungsbreiten σ_g. Die Simulationen wurden
ohne Rauschen durchgeführt.

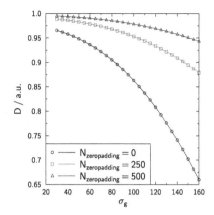

Abbildung 3.8: Auftragung des bestimmten Diffusionskoeffizienten D als Funktion der Apodisierungsbreite σ_g für verschiedene Größen des Zeropaddings bei größerer Arena, aber sonst
gleichen Parametern wie zuvor. Die bestimmten Diffusionskoeffizienten sind für alle
σ_g auch ohne Zeropadding deutlich besser als bei dem Musterdatensatz mit kleineren
Bildern. Die Diffusionskoeffizienten zeigen auch kein Maximum mehr, was darauf
schließen lässt, dass die Randeffekte für die Abweichung bei kleinen σ_g verantwortlich
sind.

Auflösungsbedingte Artefakte sind dort selbstverständlich auch nicht so stark ausgeprägt, da
allein durch das größere Bild ohne Zeropadding eine höhere Auflösung erreicht wird.

Die Besselanteile in der Fouriertransformierten bei großen Wellenvektoren werden durch
Apodisierung gedämpft, so dass es für den Fall eines Zeropaddings eine optimale Apodisierungsbreite σ_g gibt, bei der die Abweichung vom realen Diffusionskoeffizienten minimal wird.
Für kleinere σ_g stören Besselanteile, für größere σ_g wirkt sich die ungenügende Auflösung
negativ aus.

Größtmögliches Zeropadding behebt also effektiv zwei Probleme der Analyse: Ihre An-
fälligkeit für Randeffekte durch Bleichprofile, die breiter sind als das analysierte Bild, und
das Problem der geringen Auflösung für kleine Bildgrößen. In der Praxis ist die Größe des
Zeropaddings allein durch den zur Verfügung stehenden Arbeitsspeicher des Computers und
der benötigten Rechenzeit begrenzt.

Zusätzlich zeigt sich eine höhere Güte der bestimmten Diffusionskoeffizienten bei der
Verwendung von Momentenquotienten größerer Ordnung. Der bestimmte Wert wird mit
steigender Ordnung des Moments im Zähler systematisch größer, da die hier bestimmten

Diffusionskoeffizienten immer zu klein bestimmt werden, bedeutet dies einen näher am wahren Wert liegendes Ergebnis. Vorteil der Verwendung des Quotienten $\tilde{m}_{2,1}$ ist der wesentlich einfachere Ausdruck der anzupassenden Funktion. Allerdings zeigt sich bei Momenten hoher Ordnung eine relativ große Rauschempfindlichkeit, die eine stärkere Apodisierung bzw. Glättung des Datensatzes erforderlich macht.

Zusammenfassend sollte die Breite des Zeropaddings so groß wie möglich gewählt werden. Mindestens 1000 Pixel, idealerweise 2000 oder mehr Pixel. Zeropadding erhöht in jedem Falle die Qualität der Ergebnisse, wenn beachtet wird, dass bei realen Messdaten eine grobe Reduktion des Hintergrunds durchgeführt werden muss.

Für den Momentenquotienten sollte ein größtmöglicher Wert für n_0 gewählt werden. Es bietet sich der Quotient $\tilde{m}_{2,1}$ an, da bei diesem der Ausdruck für den Quotienten einfach ist und die Ergebnisse gleichzeitig hinreichend gut sind.

Musterdatensätze mit Rauschen

Die Anwesenheit von Rauschen lässt eine generelle Abnahme der Qualität der bestimmten Diffusionskoeffizienten erwarten. Gerade für kleine σ_g ist ein starker Effekt auf die bestimmten Diffusionskoeffizienten zu erwarten, da – wie zuvor beschrieben – das Rauschen durch Bildung des Betrags der Fouriertransformierten einen künstlichen Offset in das Intensitätsbild im reziproken Raum einführt. Ein künstlicher Offset führt zu systematisch zu groß bestimmten Momenten. Der zerstörerische Effekt eines künstlichen Offsets wird dem Effekt eines Offsets im Normalraum ganz ähnlich sein. Starke Apodisierung unterdrückt diesen künstlichen Offset. Es ist also eine Konkurrenz dreier Effekte zu erwarten: Der Einfluss des Rauschens und seines künstlichen Offsets im reziproken Raum, der Diffusionskoeffizienten für kleine σ_g stark verfälscht und mit steigendem σ_g schwächer werden sollte. Zum Zweiten die Probleme durch Randeffekte, die ebenfalls durch steigendes σ_g unterdrückt werden, und zuletzt der Einfluss der begrenzten Auflösung, der mit steigendem σ_g an Bedeutung gewinnt. Zu erwarten ist ein Maximum im Verlauf des Diffusionskoeffizienten als Funktion von σ_g, das mit steigendem Zeropadding flacher wird. Generell sollten die bestimmten Diffusionskoeffizienten für stärkeres Zeropadding an Güte gewinnen.

Abbildung 3.9 zeigt eine Simulation mit gleichen Parametern wie zuvor, jedoch mit einem additiven, gaußschen, weißen Rauschen der Standardabweichung $\sigma = 0.1$ und dem Mittelwert $\mu = 0.0$. Das Verhalten für große σ_g unterscheidet sich nicht wesentlich von dem in den vorherigen Simulationen ohne Rauschen. Allerdings zeigt sich ein starker Unterschied für kleine σ_g. Die bestimmten Diffusionskoeffizienten sind dort um ein Vielfaches kleiner als zuvor ohne Rauschen, was auf den Einfluss des künstlichen Offsets zurückzuführen ist. Ein

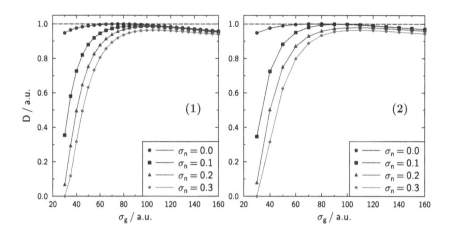

Abbildung 3.9: Diffusionskoeffizienten als Funktion der Apodisierungsbreite σ_g für verschiedene Größen des Zeropaddings.

(1): Zeropadding von 1000 Pixeln

(2): Zeropadding von 2000 Pixeln

Die Parameter der Simulation gleichen denen der beiden zuvor, zusätzlich ist in dieser Simulation zu jedem Bild ein gaußsches, weißes Rauschen der Standardabweichung $\sigma = 0.1$ und des Mittelwerts $\mu = 0.0$ addiert worden. Benutzt wurde das Moment $\bar{m}_{2,1}$. Der stärkere Abfall des Diffusionskoeffizienten für kleine σ_g verglichen mit den Simulationen ohne Rauschen zeigt den Einfluss des künstlichen Offsets, analog wie zuvor fällt die Güte des Diffusionskoeffizienten durch Auflösungseffekte bei großen σ_g. Es gibt einen deutlichen, optimalen Bereich für die Apodisierungsbreite, der für stärkeres Zeropadding größer wird.

weiteres Indiz für das Rauschen als maßgeblichen Faktor für die falschen Werte zu Beginn ist die Tatsache, dass die Größe des Zeropaddings – zumindest ab einem Zeropadding von 250 Pixeln – den Wert des Diffusionskoeffizienten bei $\sigma_g = 30$ nicht wesentlich ändert. Gezeigt sind hier nur noch die Simulationen mit einer Zeropaddingbreite von 1000 und 2000 Pixeln.

Wie erwartet zeigt sich ein optimaler Wert für die Apodisierungsbreite. Die Abhängigkeit des Diffusionskoeffizienten für große σ_g bei starkem Zeropadding wird wie erwartet kleiner.

Zusammenfassend lässt sich sagen, dass im Falle von Rauschen der Wert der Apodisierungsbreite größer gewählt werden sollte, um akkurate Diffusionskoeffizienten zu bestimmen. Je größer das Zeropadding gewählt wird, desto schwächer ist der Einfluss einer zu stark gewählten Apodisierung. Prinzipiell ist auch hier wieder ein größtmögliches Zeropadding zu wählen und darauf zu achten, dass die Apodisierung nicht zu schwach ausfällt. Bestimmte Diffusionskoeffizienten sind auf zu schwache Apodisierung wesentlich empfindlicher, als auf zu Starke.

Einfluss der initialen Bleichprofilbreite

Als weiterer Parameter mit möglicherweise großem Einfluss auf die Güte der Methode kommt die anfängliche Bleichprofilbreite in Betracht. Möglicherweise ist durch einen zu breites Bleichprofil gleich zu Beginn des Experiments das Problem der Auflösungsbegrenzung verschärft, da im reziproken Raum das Profil schmaler wird und so schneller durch begrenzte Auflösung beeinflusst wird. Möglich ist auch ein schnelleres Eintreten von Randeffekten. Um dies zu testen, soll an dieser Stelle eine Parameterkarte erstellt werden, die den Einfluss der Apodisierungsbreite, der initialen Pulsbreite, des Zeropaddings und der Amplitude des Rauschens auf einen Blick zeigen.

Der Diffusionskoeffizient ist für diese Simulationen auf einen Wert von 140 festgelegt worden. Die anfänglichen Bleichprofilbreiten liegen zwischen 40 und 80 Pixeln, die Apodisierungsbreiten wie zuvor zwischen 30 und 160. Für zwei verschiedene Zeropadddinggrößen, 1000 und 2000 Pixel, werden jeweils vier Karten mit unterschiedlich starkem Rauschen erstellt. Die Standardabweichungen des Rauschen σ_n liegen dabei zwischen 0 und 0.3. Aufgrund der sich ändernden anfänglichen Bleichprofilbreite beginnen alle Simulationen unterschiedlicher Breite w_{Puls} bei anderen Werten der Diffusionszeit Dt, es gilt:

$$(Dt)_0 = \frac{w_{Puls}^2}{8} \tag{3.21}$$

Alle Simulationen enden allerdings bei der gleichen Diffusionszeit, haben also einen identischen Endpunkt. Es gilt:

$$(Dt)_{\text{Ende}} = \frac{w_{Ende}^2}{8} = 4050 \tag{3.22}$$

$$w_{\text{Ende}} = 180 \text{ Pixel} \tag{3.23}$$

Jede der Simulationen ist als Zeitserie mit 40 Bildern angelegt. Durch den variierenden Anfangspunkt ist die Zeit zwischen zwei Bildern für Simulationen mit unterschiedlichem w_{Puls} unterschiedlich.

Der für diese Simulationen verwendete Momentenquotient ist:

$$\tilde{m}_{1.1.1} = \frac{\tilde{M}_{1.1}}{\tilde{M}_1} \tag{3.24}$$

Zwar ist in der vorherigen Parameterabschätzung die Überlegenheit des Quotienten $\tilde{m}_{2,1}$ gezeigt worden, die generelle Form der Karte ändert sich allerdings nicht. Einzig eine leichte

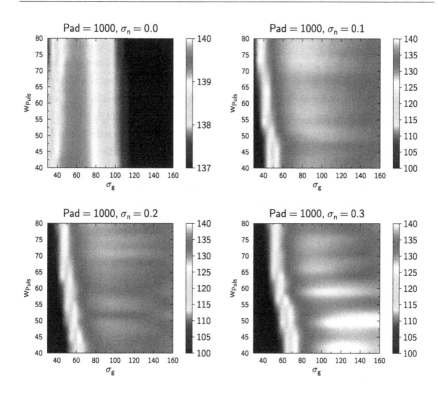

Abbildung 3.10: Aus einem Musterdatensatz mit im Text genannten Parametern bestimmte Diffusions-koeffizienten als Funktion der Apodisierungsbreite σ_g, der anfänglichen Bleichprofil-breite w_{Puls} und der Standardabweichung des Rauschen σ_n bei einem Zeropadding von 2000 Pixeln. Es zeigt sich nur eine schwache Abhängigkeit der bestimmten Diffusi-onskoeffizienten von der anfänglichen Bleichprofilbreite. Schwankungen entlang der Vertikalen in D sind auf statistische Streuung durch das Rauschen zurückzuführen. Das Verhalten des Diffusionskoeffizienten entlang der Horizontalen entspricht dem zuvor beschriebenen Verhalten.

Verschiebung der Optima hin zu größeren σ_g ist zu erwarten, daher sind die hier gezeigten Karten auch auf andere Momentquotienten übertragbar.

Abbildung 3.10 zeigt eine solche Parameterkarte für eine Zeropaddingbreite von 1000 Pixeln bei vier verschiedenen Rauschamplituden. Ohne Rauschen lässt sich keinerlei Abhängigkeit der Güte der bestimmten Diffusionskoeffizienten von der Breite des anfänglichen Bleichprofils zeigen. Horizontalen in diesen Auftragungen entsprechen den zuvor gezeigten Verläufen des bestimmten Diffusionskoeffizienten als Funktion der Apodisierungsbreite σ_g. Es zeigt sich ein klares Optimum bei einer Apodisierungsbreite von $\sigma_g = 60$. Bei den Simulationen mit einem Rauschen ist für jeden Wert einer Horizontalen mit gleicher Anfangspulsbreite das Selbe Rauschen verwendet worden, Schwankungen in D entlang der Vertikalen unterliegen der statistischen Streuung infolge des Rauschens. Eine deutliche Abhängigkeit von der Anfangsbleichprofilbreite zeigt sich nicht, es ist nur ein leichter und vernachlässigbarer Anstieg der optimalen Apodisierungsbreite σ_g für steigende Anfangsbreite zu sehen. Generell zeigen diese Karten gegenüber den zuvor durchgeführten Benchmarks keine neuen Erkenntnisse.

Wie zu erwarten ist die Qualität der bestimmten Diffusionskoeffizienten bei größerer Breite des Zeropaddings in Abbildung 3.11 generell besser. Eine Änderung in der generellen Form ist nicht erkennbar, auch hier zeigt sich keine nennenswerte Abhängigkeit von der Breite des anfänglichen Bleichprofils.

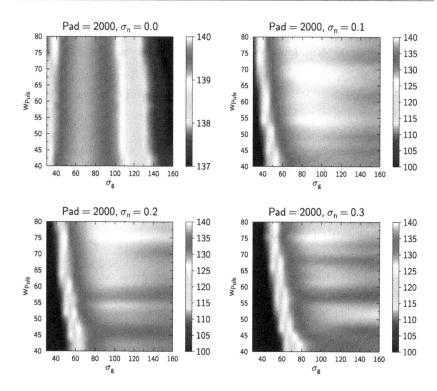

Abbildung 3.11: Aus einem Musterdatensatz mit im Text genannten Parametern bestimmte Diffusions-koeffizienten als Funktion der Apodisierungsbreite σ_g, der anfänglichen Bleichprofil-breite w_{Puls} und der Standardabweichung des Rauschen σ_n bei einem Zeropadding von 2000 Pixeln. Es zeigt sich nur eine schwache Abhängigkeit der bestimmten Diffusi-onskoeffizienten von der anfänglichen Bleichprofilbreite. Schwankungen entlang der Vertikalen in D sind auf statistische Streuung durch das Rauschen zurückzuführen. Das Verhalten des Diffusionskoeffizienten entlang der Horizontalen entspricht dem zuvor beschriebenen Verhalten. Im Vergleich zu den Parameterkarten mit einem Zeropadding von 1000 Pixeln ist ein generell näher am tatsächlichen Wert für D_0 von 140 bestimmter Diffusionskoeffizient und ein etwas höherer optimaler Wert für σ_g zu sehen, sonst sind die Karten analog.

Zusammenfassung

Für den Anwender der Methode bleibt als Fazit folgende Wahl der Parameter:

1. Die Breite des Zeropaddings ist möglichst groß zu wählen. Ein Wert von mindestens 1000 Pixeln ist ratsam, 2000 Pixel scheint ein angemessener Kompromiss aus Rechenzeit und Genauigkeit.

2. Als Momentenquotient in der Analyse ist $\tilde{m}_{2,1}$ zu wählen.

3. Die Apodisierungsbreit ist besser zu groß als zu klein zu wählen. Abhängig von der Rauschamplitude ist ein Wert zwischen 80 und 100 zu wählen. Es spricht nichts dagegen, den Diffusionskoeffizienten bei verschiedenen Werten für σ_g in diesem Intervall zu bestimmen und denjenigen zu wählen, der maximal ist, da jeder hier bestimmte Diffusionskoeffizient sich dem wahren Wert von unten annähert.

4. Die Breite des anfänglichen Bleichpulses ist irrelevant. Es ist aber darauf zu achten, dass das Bleichprofil im Laufe der Messung nicht breiter wird, als das aufgenommene Bild. Sollte dies trotzdem passieren, sind nur jene Bilder für die Analyse zu verwenden, bei denen das Bleichprofil im Wesentlichen im Bild liegt.

3.2.2 Statistische Streuung der Diffusionskoeffizienten bei Anwesenheit von Rauschen

Im Folgenden soll die Streuung von bestimmten Diffusionskoeffizienten bei Anwesenheit von Rauschen unterschiedlicher Standardabweichung in einem Musterdatensatz untersucht werden. In realen Experimenten ist Rauschen nicht zu vermeiden, die mit dieser Methode bestimmten Diffusionskoeffizienten werden einer statistischen Streuung unterliegen. Die Größe dieser Streuung kann als Maß für die Fehlergrenzen der Diffusionskoeffizienten im realen Experiment dienen.

Der hier verwendete Musterdatensatz soll im Wesentlichen dem Musterdatensatz aus dem vorherigen Abschnitt entsprechen. Es wurde auf einer 500 x 500 Pixel großen Simulationarena ein gaußsches, zentriertes Bleichprofil gesetzt. Der eingestellte Diffusionskoeffizient liegt bei 1.0. Die Zeitachse beginnt bei einer Diffusionszeit von $4Dt = 1800$ und endet bei $4Dt = 20000$, aufgeteilt ist die Simulation in 30 Bilder. Die anfängliche Maximalintensität des Bleichprofils liegt bei 1.0, verwendet wird als Bleichprofil die inverse Konzentration der nichtmarkierten Moleküle in einer Membran.

Rauschen wird in Form von Zufallszahlen aus einer Normalverteilung mit Mittelwert $\mu = 0$ und Standardabweichung σ_n für jedes Pixel des Bildes simuliert, in diesem Benchmark werden

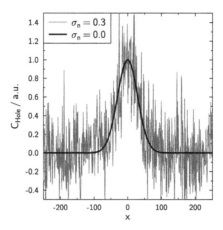

Abbildung 3.12: Auftragung eines Schnitts durch das anfängliche Bleichprofil der hier durchgeführten Simulationen ohne Rauschen (dick) und mit einem Rauschen der Standardabweichung $\sigma_n = 0.3$ (dünn).

7 Standardabweichungen zwischen $\sigma_n = 0$ und $\sigma_n = 0.3$ verwendet. Das ungefähre Verhältnis von Signal und Rauschamplitude liegt für $\sigma_n = 0.3$ bei etwa 1.7. Auftragung 3.12 zeigt für $\sigma_n = 0.3$ ein Signal mit überlagertem Rauschen.

In der vorherigen Betrachtung über die Wahl der Apodisierungsbreite σ_g ist in den allermeisten Fällen eine kleine, aber systematische Unterschätzung des Diffusionskoeffizienten beobachtet worden. Es zeigte sich ein deutliches Maximum für einen bestimmten Wert von σ_g im erhaltenen Diffusionskoeffizienten. Daher wird für diesen Benchmark aus einem Musterdatensatz mit einem vorgegebenen Rauschniveau derjenige Wert für σ_g bestimmt, für den der erhaltene Diffusionskoeffizient maximal wird. Dieser σ_g-Wert wird im folgenden für weitere Bestimmung mit gleichem Rauschniveau als optimal angenommen. Für jede Standardabweichung des Rauschens σ_n werden 20 Diffusionskoeffizienten bestimmt. Der Mittelwert dieser 20 Bestimmungen und die Standardabweichung der Diffusionskoeffizienten von diesem Mittelwert sind in Abbildung 3.13 neben den Werten für die optimale Apodisierungsbreite aufgetragen.

Die erhaltenen Werte für D sind selbst für ein außerordendlich hohes Rauschlevel mit $\sigma_n = 0.3$ relativ gut. Für ein Zeropadding von 500 Pixeln liegt der bestimmte Wert knapp 5 % unterhalb des tatsächlichen Wertes von 1.0, obwohl das Verhältnis von Signal zu Rauschamplitude bei nur knapp 1.7 liegt. Die Standardabweichung aller bestimmten Werte übersteigt

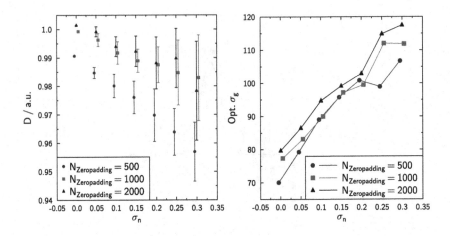

Abbildung 3.13: Links: Mittelwert aus 20 Diffusionskoeffizientenbestimmungen als Funktion der Standardabweichung des Rauschens für drei verschiedene Größen des Zeropaddings für ein gaußsches Bleichprofil. Als Fehler ist die Standardabweichung der 20 bestimmten Werte für D aufgetragen.

Rechts: Auftragung der durch Maximumssuche bestimmten optimalen Werte für die Apodisierungsbreite σ_g als Funktion der Standardabweichung des Rauschens für drei verschiedene Größen des Zeropaddings.

Einzelne Datenpunkte sind bei gleichen Werten für σ_n berechnet worden und liegen nur der Übersichtlichkeit halber leicht versetzt auf der x-Achse.

2 % nicht. In Anbetracht der logarithmischen Skalierung von Diffusionskoeffizienten ist eine Abweichung von maximal 5 % vom tatsächlichen Wert als sehr gut anzusehen. Für ein Zeropadding von 2000 Pixeln liegt die maximale Abweichung sogar nur bei knapp 2 %. Alle bestimmten Werte mit Rauschen liegen systematisch unter dem tatsächlichen Wert, sie sind daher als untere Grenze des Diffusionskoeffizienten des betrachteten Systems zu verstehen.

Der verwendete Musterdatensatz zeigt keinen Hintergrund, das Bleichprofil ist zentriert. Bei der Verwendung von realen Bildern mit Hintergrundintensität, ungleichmäßiger Beleuchtung und einem nicht ideal gaußschen Bleichprofil sind größere Abweichungen zu erwarten. Dies soll im Folgenden exemplarisch an einem Musterdatensatz überprüft werden, der statt eines initialen gaußschen Bleichprofils ein rechteckiges Bleichprofil hat, das sich unter Diffusion zeitlich entwickelt. Auftragung 3.14 zeigt die Ergebnisse eines solchen Benchmarks.

Generell unterscheiden sich die erhaltenen Diffusionskoeffizienten in ihren Werten nicht sehr stark von denen bei Verwendung eines ideal gaußschen Bleichprofils. Bemerkenswert

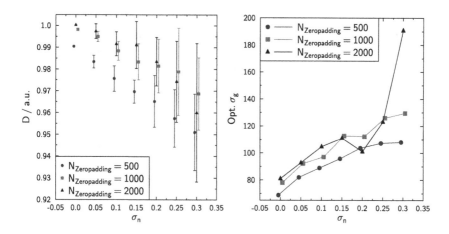

Abbildung 3.14: Links: Mittelwert aus 20 Diffusionskoeffizientenbestimmungen als Funktion der Standardabweichung des Rauschens für drei verschiedene Größen des Zeropaddings bei
einem nichtgaußschen Bleichprofil. Als Fehler ist die Standardabweichung der 20
bestimmten Werte für D aufgetragen.

Rechts: Auftragung der durch Maximumssuche bestimmten optimalen Werte für die
Apodisierungsbreite σ_g als Funktion der Standardabweichung des Rauschens für drei
verschiedene Größen des Zeropaddings.

Einzelne Datenpunkte sind bei gleichen Werten für σ_n berechnet worden und liegen
nur der Übersichtlichkeit halber leicht versetzt auf der x-Achse.

sind jedoch die deutlich höheren Standardabweichungen der einzelnen Datenpunkte. Da hier
Diffusionkoeffizienten mit der Annahme eines gaußschen Bleichprofils auf eine Simulation
angewendet wird, die diese Voraussetzung nicht erfüllt ist dieser Umstand nicht verwunderlich. Selbst bei einem sehr großen Rauschen der Standardabweichung $\sigma_n = 0.3$ weicht der am
schlechtesten bestimmte Mittelwert für D bei einem Zeropadding von 500 Pixeln nur um 5 %
nach unten vom tatsächlichen Wert. In Anbetracht der logarithmischen Skalierung von D ist
auch dieser Wert als sehr gut anzusehen.

Zusammenfassend lässt sich sagen, dass die mit der hier vorgestellten Methode bestimmten
Diffusionskoeffizienten in guter Übereinstimmung mit den tatsächlich eingestellten Diffusionskoeffizienten sind. Jede Bestimmung in den durchgeführten Benchmarks stellte eine
untere Schranke der Diffusionskoeffizienten dar und sollte als solche behandelt werden.
Durch die Verwendung einer Maximumssuche von D als Funktion der Apodisierungsbreite
σ_g lässt sich die Wahl dieses Parameters für den Anwender der Methode eliminieren. Die

Annäherung des Diffusionskoeffizienten als Funktion von σ_g von unten an den tatsächlichen Wert ist bisher eine empirisch gefundene Tatsache, dürfte sich aber mathematisch beweisen lassen.

4 Simulation hemi– und vollständig fusionierter membranumhüllter Kugeln

In diesem Kapitel sollen Simulationen fluoreszenzmikroskopischen Bilder von membranumhüllten Kugeln sowie Simulationen von diversen FRAP-Experimenten mit diesen Kugeln durchgeführt werden. Für die Simulation der Diffusion von fluoreszenzmarkierten Molekülen auf dieser Geometrie sollen Random Walker Simulationen verwendet werden.

Die makroskopische Diffusion wird dabei simuliert durch die zufällige und gegenseitig unbeeinflusste Bewegung von sehr vielen einzelnen Teilchen, den sogenannten Random Walkern. Jeder dieser Random Walker wird in jedem Zeitschritt in eine zufällige Richtung um eine feste Schrittlänge entlang der Tangentialfläche der Membrangeometrie bewegt. Mit einer hinreichend großen Zahl an einzelnen Random Walkern ist diese Art der Simulation eine einfache aber dennoch genaue Alternative zur analytischen Lösung der Diffusionsgleichung auf nichtplanarer Geometrie. Solche Simulationen werden aufgrund ihres Zufallsansatzes beruhend auf dem Gesetz großer Zahlen auch als Monte-Carlo-Simulationen bezeichnet.

Das Augenmerk liegt auf zwei sich berührende Kugeln, deren Membranen entweder Hemifusion oder vollständige Fusion beider Schichten der Doppelmembranen zeigen. Zunächst soll ein Überblick über die mathematische Beschreibung dieser speziellen Geometrie gegeben werden.

4.1 Mathematische Beschreibung der Geometrie membranumhüllter Kugeln

Die Berechnung der Geometrie membranumhüllter Kugeln wird hier unter der Annahme durchgeführt, dass die Membran verglichen mit der Dimension der Kugel als unendlich dünn angesehen werden kann. Die folgenden Geometrien können als Rotationskörper einer zweidimensionalen Funktion um eine willkürliche Achse dargestellt werden. Diese Achse soll im Folgenden die x-Achse sein.

Für zwei Kugeln mit Radius R_S, die sich im Ursprung berühren, lässt sich der Radius eines Rotationskörpers um die x-Achse als abschnittsweise definierte Funktion folgender Form in Zylinderkoordinaten darstellen:

$$r(x) = \begin{cases} \sqrt{R_S^2 - (x + R_S)^2} & x \leqslant 0.0 \\ \sqrt{R_S^2 - (x - R_S)^2} & x > 0.0 \end{cases} \tag{4.1}$$

$$\phi(x) \in \{0, 2\pi\} \tag{4.2}$$

Als Rotationskörper ist der Radius $r(x)$ um die x-Achse bei gegebenem x für alle Winkel ϕ gleich. Dieses Bild stellt gleichzeitig eine Beschreibung der Membranfläche dar, in der keine Fusion auftritt, d.h. in der beide Kugeln und ihre Membranhüllen sich lediglich berühren.

Tritt Hemifusion auf, so wird der obere Teil der Doppelmembran sich im Bereich um den Kontaktpunkt der beiden Kugeln von den Kugeln lösen und diesen Bereich mit einer andersartigen Geometrie überspannen. Diese soll im Folgenden durch einen Abschnitt eines Torus zwischen den beiden Kugeln modelliert werden.[1] Eine Auftragung eines Schnitts durch einen solchen Zustand entlang der x-Achse ist in Abbildung 4.1 zu sehen. Als Kontaktwinkel soll an dieser Stelle der Winkel zwischen der Verbindungslinie des Torusmittelpunkts im Zwischenbereich zweier Kugeln und dem Zentrum einer der beiden Kugeln sowie der x-Achse definiert werden.

Je größer dieser Kontaktwinkel, desto größer ist der Bereich zwischen den beiden Kugeln, der von einer Membran gebildet wird die sich von den einzelnen Kugeln gelöst hat. Die Breite dieses Bereichs projiziert auf die x-Achse soll $2h$ sein. Für einen gegebenen Kontaktwinkel α und einem Radius der Kugeln R_S lässt sich h wie folgt berechnen:

$$h = R_S (1 - \cos \alpha) \tag{4.3}$$

Der kleinere Innenradius R_B des Torus, der zur Konstruktion des Zwischenbereichs benutzt wird, ist wie folgt definiert:

$$R_B = \sqrt{R_S^2 + R_T^2} - R_S \tag{4.4}$$

Dabei ist R_T der große Torusradius, d.h. der Abstand des Torusmittelpunkts von der x-Achse für einen Schnitt durch die Geometrie parallel zur x-Achse. R_T ist selbstverständlich für jeden beliebigen Rotationswinkel ϕ gleich.

---

[1]Die Randbedingungen, dass die Torusfläche stetig und differenzierbar in die Kugeloberfläche übergeht, bestimmt den kleinen Radius des Torus.

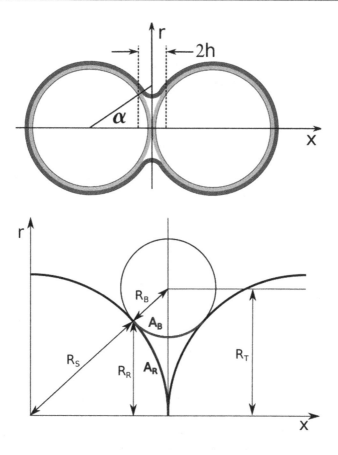

Abbildung 4.1: Illustration der Geometrie des fusionierten Zustands.

Oben in rot bzw. dunkler der äußere Membranteil, der sich bei einem bestimmten Kontaktwinkel α in einem Bereich der Breite $2h$ von den Kugeln ablöst. In grün bzw. heller für den hemifusionierten Zustand der innere Teil der Doppelmembran, der sich nicht von den Kugeln ablöst. Bei vollständiger Fusion ist der innere Teil identisch zum Äußeren.

Unten ein Schnitt parallel zur x-Achse zur Verdeutlichung der Konstruktion des Zwischenteils. Dabei ist R_S der Radius der Kugeln, R_B der Innenradius des Torus im Zwischenbereich, R_R der Abstand des Punktes von der x-Achse, an dem sich die Membran von der Kugel löst, R_T der Abstand des Mittelpunkts des Torus von der x-Achse. A_R und A_B zeigen farblich markiert den Verlauf der Membran für einen fusionierten und nichtfusionierten Zustand.

R_T ist gegeben als:

$$R_T = R_S \tan \alpha \qquad (4.5)$$

Die Fläche A_B, die im fusionierten Zustand die Kugelflächen im Bereich $-h \leqslant x \leqslant h$ ersetzen soll, lässt sich in Zylinderkoordinaten darstellen als:

$$r(x) = R_T - \sqrt{R_B^2 - x^2} \qquad (4.6)$$

$$\phi(x) \in \{0, 2\pi\} \qquad (4.7)$$

Die gesamte Membranfläche im fusionierten Zustand unter Annahme unendlich kleiner Dicke für einen gegebenen Radius R_S der Kugeln und einem Kontaktwinkel α lässt sich nun als folgende, abschnittsweise definierte Funktion angeben:

$$r(x) = \begin{cases} \sqrt{R_S^2 - (x + R_S)^2} & -2R_S \leqslant x \leqslant -h \\ R_S \tan \alpha - \sqrt{\left(\sqrt{R_S^2 + (R_S \tan \alpha)^2} - R_S \right)^2} & -h < x < h \\ \sqrt{R_S^2 - (x - R_S)^2} & h \leqslant x \leqslant 2R_S \end{cases} \qquad (4.8)$$

Oder, vereinfacht ausgedrückt unter Berücksichtigung der Parameter des Torus:

$$r(x) = \begin{cases} \sqrt{R_S^2 - (x + R_S)^2} & \text{für } -2R_S \leqslant x \leqslant -h \\ R_T - \sqrt{R_B^2 - x^2} & \text{für } -h < x < h \\ \sqrt{R_S^2 - (x - R_S)^2} & \text{für } h \leqslant x \leqslant 2R_S \end{cases} \qquad (4.9)$$

4.2 Mantelfläche der fusionierten Kugeln

Für die Durchführung von Random Walker Simulationen ist die Kontruktion geeigneter Anfangsbedingungen essentiell. Zunächst muss die Anzahl aller Random Walker in der Simulation groß genug sein, um dem Gesetz großer Zahlen entsprechend von statistischen Effekten weitgehend unabhängige Ergebnisse zu erhalten. Zudem muss die Verteilung der Random Walker auf der Geometrie zu Beginn der Simulation gewissen Eigenschaften genügen. Um von Anfang an aussagekräftige Ergebnisse zu erhalten, muss die Anzahldichte der Random Walker in jedem Flächenelement der Geometrie im Rahmen statistischer Schwankung gleich sein. Dies ist für einfache Geometrien häufig kein Problem, beispielsweise für eine Kugel oder eine ebene Fläche. In dem hier beschriebenen Fall ist dies allerdings nicht mehr so einfach. Alternativ kann jedem Random Walker eine gewisser Normierungsfaktor bzw. eine Helligkeit zugeordnet werden, so dass die Flächendichte der Normierung bzw. der Helligkeit von Random Walkern auf der Geometrie gleich ist. Letzteres ist wesentlich einfacher zu erzeugen, weshalb in dieser Arbeit mit diesem Ansatz gearbeitet werden soll.

Um einen Ausdruck für diese Normierung bzw. Helligkeit zu finden, soll im Folgenden näher auf die Flächen bestimmter Abschnitte der Geometrie eingegangen werden.

Infinitesimal schmale Gürtel

Werden Random Walker auf der Geometrie gleichmäßig entlang der x-Achse verteilt, so ist für die Größe der Normierungsfaktoren eines jeden Random Walkers entlang der x-Achse die Fläche eines infinitesimal schmalen Gürtels der Breite dx des Rotationskörpers um die x-Achse relevant.

Die Mantelfläche eines Rotationskörpers, der durch Rotation einer Funktion $f(x)$ um die x-Achse erzeugt wird, ist gegeben durch[16]:

$$M_x = 2\pi \int_a^b f(x)\sqrt{1 + f'(x)^2}\,dx \tag{4.10}$$

Dabei sind a bzw. b die untere bzw. obere Grenze des Gürtels um die x-Achse und:

$$f'(x) = \frac{df(x)}{dx} \tag{4.11}$$

Betrachtet man einen infinitesimal schmalen Gürtel, so erhält man:

$$m_x \equiv \frac{dM_x}{dx} = 2\pi f(x)\sqrt{1 + f'(x)^2} \tag{4.12}$$

Für die Fläche eines infinitesimal schmalen Gürtels auf der linken Kugel gilt daher in diesem Fall:

$$
\begin{aligned}
m_x^{\text{LinkeKugel}} &= 2\pi\sqrt{R_S^2 - (x + R_S)^2}\sqrt{1 + \left(\frac{d\sqrt{R_S^2 - (x + R_S)^2}}{dx}\right)^2} \\
&= 2\pi\sqrt{R_S^2 - (x + R_S)^2}\sqrt{1 + \frac{(R_S + x)^2}{R_S^2 - (R_S + x)^2}} \\
&= 2\pi\sqrt{R_S^2 - (x + R_S)^2 + \frac{\left(R_S^2 - (x + R_S)^2\right)(R_S + x)^2}{R_S^2 - (x + R_S)^2}} \\
&= 2\pi R_S
\end{aligned} \tag{4.13}
$$

Das Gleiche gilt ganz analog für die rechte Kugel. Es zeigt sich also, dass die Mantelfläche eines infinitesimal schmalen Gürtels um eine Kugel unabhängig von der Position auf der x-Achse den gleichen Wert hat, der nur vom Radius der Kugel abhängt.

Da für die Kugeln die Fläche eines Gürtels nicht von der Position auf der x-Achse abhängt, führt eine homogene Verteilung an Random Walkern entlang der x-Achse automatisch zu einer homogenen Anzahldichte von Random Walkern auf einzelnen Gürteln.

Diese Situation ändert sich allerdings für den durch Gleichung 4.6 beschriebenen toroiden Zwischenbereich für $-h < x < h$. Für die Mantelfläche eines infinitesimal schmalen Gürtels in diesem Bereich gilt:

$$
\begin{aligned}
m_x^{\text{Torus}} &= 2\pi \left(R_T - \sqrt{R_B^2 - x^2} \right) \sqrt{ 1 + \left(\frac{\mathrm{d}\left(R_T - \sqrt{R_B^2 - x^2} \right)}{\mathrm{d}x} \right)^2 } \\[2mm]
&= 2\pi \left(R_T - \sqrt{R_B^2 - x^2} \right) \sqrt{ 1 + \frac{x^2}{R_B^2 - x^2} }
\end{aligned}
\tag{4.14}
$$

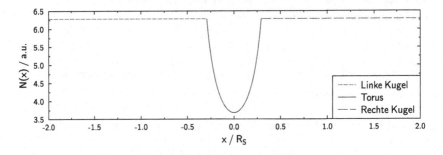

Abbildung 4.2: Auftragung des Normierungsfaktors $N(x)$ für fusionierte Kugeln des Radius $R_S = 1$ und einen Kontaktwinkel von $\alpha = 45°$. Entsprechend der Gleichungen 4.3, 4.4 und 4.5 ist die Breite des Torusbereichs $h \simeq 0.293$, der Torusinnenradius $R_B = \sqrt{2} - 1$ und die Höhe des Torusmittelpunkts $R_T = 1$.

Die Mantelfläche ist nicht mehr unabhängig von der Position auf der x-Achse. Wird also versucht durch eine homogene Verteilung von Random Walkern auf der x-Achse eine homogene Anzahldichte pro Flächenelement zu erreichen, so wird dies scheitern müssen, es sei denn man führt eine Gewichtung der Random Walker ein, die dem Wert von m_x^{Torus} an der Stelle x entspricht. Die Normierungsfaktoren können wiederum als abschnittsweise definierte Funktion dargestellt werden. Es gilt:

$$
N(x) = \begin{cases}
2\pi R_S & \text{für } -2R_S \leqslant x \leqslant -h \\[2mm]
2\pi \left(R_T - \sqrt{R_B^2 - x^2} \right) \sqrt{1 + \frac{x^2}{R_B^2 - x^2}} & \text{für } -h < x < h \\[2mm]
2\pi R_S & \text{für } h \leqslant x \leqslant 2R_S
\end{cases}
\tag{4.15}
$$

Eine Auftragung der Normierungsfaktoren entlang der x-Achse für fusionierte Kugeln für einen Kugelradius R_S und einem Kontaktwinkel $\alpha = 45°$ ist in Abbildung 4.2 zu sehen. Auffällig ist der Sprung in der Ableitung dieses Normierungsfaktors an den Stellen $|x| = h$.

Gesamtmantelfläche des Rotationskörpers

Zur späteren Normierung von Fluoreszenzregenerationskurven aus Simulationen mit dieser Geometrie ist die Fläche des ganzen Rotationskörpers und ausgewählter Teile des Rotationskörpers wichtig. Gebleicht werden soll in folgenden Simulationen der Teil der Geometrie, für den $x > h$ gilt, d.h. die gesamte rechte Kugel bis zu dem Übergang in den Torus. Um die Fluoreszenzregeneration zu normieren muss der Anteil der gebleichten Fläche an der Gesamtfläche berechnet werden.

Die Oberfläche der sphärischen Teile lässt sich als Oberfläche einer Kugel berechnen, der eine Kugelkappe der Höhe h fehlt. Es gilt: [16]

$$O_\text{Sphäre} = 4\pi R_S^2 - 4\pi R_S h + \pi h^2 \tag{4.16}$$

Die Mantelfläche des Toruszwischenbereichs ergibt sich aus Gleichung 4.9 und Gleichung 4.10:

$$O_\text{Torus} = 4\pi R_B \left(R_T \left(\frac{\pi}{2} - \alpha \right) - h \right) \tag{4.17}$$

Damit ist die Gesamtfläche:

$$O_\text{ges} = 2O_\text{Sphäre} + O_\text{Torus} \tag{4.18}$$

$$= 8\pi R_S^2 - 8\pi R_S h + 2\pi h^2 + 4\pi R_B \left(R_T \left(\frac{\pi}{2} - \alpha \right) - h \right) \tag{4.19}$$

Die gebleichte Fläche $O_\text{gebleicht}$ entspricht $O_\text{Sphäre}$. Damit ist der Anteil ebenjener Fläche an der Gesamtfläche:

$$n_\text{gebleicht}^\text{FB} = \frac{4\pi R_S^2 - 4\pi R_S h + \pi h^2}{8\pi R_S^2 - 8\pi R_S h + 2\pi h^2 + 4\pi R_B \left(R_T \left(\frac{\pi}{2} - \alpha \right) - h \right)} \tag{4.20}$$

Die zu erwartende Endintensität nach Durchführung eines solchen FRAP-Experiments auf der Geometrie der fusionierten Kugeln ist also:

$$I_\infty^\text{FB} = n_\text{gebleicht}^\text{FB} \cdot I_0^\text{FB} \tag{4.21}$$

Dabei ist I_0 die Summe aller Normierungsfaktoren jedes Random Walkers in der Simulation.

Referenzexperiment: Diffusion auf einer isolierten Kugel

Ganz analog gestaltet sich die Bestimmung der theoretischen Endintensität bei den Referenzsimulationen, bei denen eine einzelne Kugel bis auf einen Teil der Breite h gebleicht wird und die Fluoreszenzregeneration beobachtet wird. Diese Art von Referenzexperiment wird später zur Normierung der Simulationen auf fusionierten Kugeln verwendet, es lässt sich damit die

Verlangsamung der Diffusion verglichen mit dem Referenzexperiment durch die Anwesenheit einer geometrischen Barriere bestimmen.

Der Anteil ist hier:

$$n^{SS}_{\text{gebleicht}}(\alpha) = \frac{h}{4\pi R_S^2} \tag{4.22}$$

$$= \frac{R_S - R_S \cos\alpha}{4\pi R_S^2} \tag{4.23}$$

Die zu erwartende Endintensität:

$$I^{SS}_\infty = n^{SS}_{\text{gebleicht}} \cdot I^{SS}_0 \tag{4.24}$$

Hier ist die Gesamtintensität aufgrund der gleichen Normierung für jeden Random Walker direkt proportional zur Anzahl der Random Walker:

$$I^{SS}_0 = 2\pi N_{RW} \tag{4.25}$$

4.3 Erzeugung einer homogenen Verteilung an Random Walkern

Für eine Kugel gestaltet sich die Verteilung denkbar einfach. In einem Kubus, der die betreffende Kugel enthält, werden für jeden Random Walker Koordinaten zufällig aus einer gleichverteilten Menge kartesische Koordinaten gezogen. Liegt der so bestimmte Punkt innerhalb der Kugel, wird der Punkt angenommen und auf die Kugeloberfläche projiziert. Liegt der zufällig bestimmte Punkt außerhalb der Kugel, so wird der Punkt verworfen.

In dieser Arbeit werden die Positionen von Random Walkern auf den fusionierten Kugeln bestimmt werden, indem zunächst eine Zahl aus einer Menge an gleichförmig verteilten Zufallszahlen zwischen $-2R_S$ und $2R_S$ gezogen wird, die die x-Koordinate des entsprechenden Random Walkers sein soll. Anschließend wird für jede der zufällig bestimmten x-Koordinaten eine weitere Zahl aus einer gleichförmig verteilten Menge an Zufallszahlen zwischen 0 und 2π gezogen, die den Drehwinkel ϕ um die x-Achse bezüglich der z-Achse darstellt. Entsprechend der Konstruktion im vorherigen Kapitel werden daraus die y- und z-Koordinaten berechnet.

Dabei wird keine homogene Anzahldichte an RW auf der Oberfläche erreicht, aber den Random Walkern in Form eines Helligkeitswerts abhängig von der Position auf der x-Achse eine Normierung gegeben.

Die Normierung in der Helligkeit ergibt sich direkt aus dem Wert der Mantelfläche wie sie in Gleichung 4.15 gegeben ist.

4.4 Simulation fluoreszenzmikroskopischer Bilder der Geometrie fusionierter Kugeln

Wenn zwei membranumhüllte Glaskugeln in Kontakt kommen besteht prinzipiell die Möglichkeit, dass die Membranen der einzelnen Kugeln Hemi- oder vollständige Fusion durchlaufen. Alternativ ist es möglich, dass keine Fusion auftritt. Ob und wann welche Art von Fusion auftritt, hängt von dem betrachteten System ab und soll an dieser Stelle keine Rolle spielen. Es stellt sich aber die Frage, ob ein gegebenes Szenario allein durch Charakteristika in fluoreszenzmikroskopischen Aufnahmen solcher Kugeln erkennbar und unterscheidbar sind. Um dies zu testen sollen an dieser Stelle durch Simulationen künstliche, fluoreszenzmikroskopische Bilder fusionierter Kugeln erzeugt werden und diese als Funktion ihres Kontaktwinkels untersucht werden. Es wird sich zeigen, dass eine direkte Bestimmung des Kontaktwinkels aus dem fluoreszenzmikroskopischen Bildern nicht möglich ist.

4.4.1 Point Spread Function einzelner Fluorphore

Das aufgenommene Bild in der Fluoreszenzmikroskopie lässt sich mathematisch beschreiben als die Faltung vieler punkförmiger Lichtquellen - den fluoreszenzmarkierten Molekülen - mit einer sogenannten Point Spread Function (PSF). Einzelne Moleküle sind üblicherweise nicht als solche sichtbar, da optische Mikroskopie diversen Abbildungsfehlern und der Auflösungsbegrenzung durch Beugungseffekte unterliegt. Die PSF entspricht dem aufgenommenen Bild eines einzelnen, völlig punktförmigen Objekts mit einem Mikroskop.

Die konkrete Form der PSF für ein bestimmtes Mikroskop hängt von vielen Faktoren ab, beispielsweise den verwendeten Objektiven und anderen Bauteilen der Optik. Eine einfache Annäherung an eine reale PSF stellt die dreidimensionale Gaußfunktion dar, die im Folgenden verwendet werden soll.

Dreidimensionale Gaußfunktion als PSF

Die Gaußfunktion als PSF wird häufig als einfache Approximierung einer realen PSF verwendet, beispielsweise beim *Super-resolution optical fluctuation imaging* (SOFI).[23] Unter der Annahme, dass die PSF sich als dreidimensionale Gaußfunktion darstellen lässt, wird das mikroskopische Bild eines einzelnen, punktförmigen Fluorophors gegeben durch:

$$I_i(x, y, z) = \frac{N_i}{8\pi^3 \sigma_x^2 \sigma_y^2 \sigma_z^2} \exp\left(\frac{-(x-x_i)^2}{2\sigma_x^2}\right) \exp\left(\frac{-(y-y_i)^2}{2\sigma_y^2}\right) \exp\left(\frac{-(z-z_i)^2}{2\sigma_z^2}\right) \qquad (4.26)$$

Dabei ist (x_i, y_i, z_i) die Position des betreffenden Fluorophors und N_i der Normierungsfaktor bzw. die Helligkeit des Fluorophors. Die Gaußfunktion ist dabei so gewählt, dass das Integral über den gesamten Raum gleich dem Normierungsfaktor ist. σ_x, σ_y und σ_z sind dabei die Standardabweichungen der Gaußfunktion entlang der kartesischen Koordinatenachsen, d.h. im Wesentlichen die scheinbare Breite eines „verschmierten" punktförmigen Objekts durch Beugungseffekte und Abbildungsfehler. Die Auflösung üblicher Mikroskope in der xy-Ebene ist häufig um einen Faktor zwei bis drei besser als entlang der z-Achse. Aus Symmetriegründen ist die Auflösung entlang der x- und der y-Achse identisch, damit gilt $\sigma_x = \sigma_y$.

Sind in einem beobachteten Objekt mehrere Fluorophore zu finden, so ist die mikroskopisch sichtbare Intensitätsverteilung gegeben als die Summe der einzelnen PSF:

$$I(x, y, z) = \sum_i \left(\frac{N_i}{8\pi^3 \sigma_x^2 \sigma_y^2 \sigma_z^2} \exp\left(\frac{-(x - x_i)^2}{2\sigma_x^2} \right) \exp\left(\frac{-(y - y_i)^2}{2\sigma_y^2} \right) \exp\left(\frac{-(z - z_i)^2}{2\sigma_z^2} \right) \right) \quad (4.27)$$

Je kleiner die eingesetzten Standardabweichungen, desto schärfer und lokalisierter ist das mikroskopische Bild einzelner Fluorophore.

Zur Vorbereitung von Monte-Carlo-Simulationen wird wie zuvor beschrieben eine Liste von Random Walkern erzeugt, deren Positionen sich auf der Geometrie fusionierter Kugeln befindet. Zusätzlich wird jedem Random Walker ein Normierungsfaktor entsprechend seiner Position entlang der x-Achse zugewiesen. Zusammen mit Gleichung 4.27 lässt sich nun aus der Liste der Positionen und Normierungsfaktoren von Random Walkern zu jedem Zeitpunkt einer Diffusionssimulation ein künstliches, des fluoreszenzmikroskopisches Bild erzeugen.

Aus praktischen Gründen müssen allerdings einige Näherungen bzw. Vereinfachungen verwendet werden, da für eine angemessene Statistik eine sehr hohe Anzahl an Random Walkern vonnöten ist und dies zu unpraktisch langen Rechenzeiten bei der Berechnung von Gleichung 4.27 führen würde.

Zum Einen ist es notwendig, die Auflösung und Größe des simulierten fluoreszenzmikroskopischen Bildes festzulegen. Die Auflösung wird dabei über die Anzahl der Pixel bestimmt, an denen Gleichung 4.27 ausgewertet wird. Zur Reduktion der Rechenzeit wird hierbei für jeden Random Walker nur ein bestimmter Bereich um die Position des Random Walkers selbst berechnet. Die Gaußfunktion fällt für große Abstände von einem Random Walker schnell auf sehr kleine Werte ab, die ohne größere Fehler vernachlässigt werden können.

Zum Anderen werden wir uns in dieser Arbeit hauptsächlich auf Schnitte entlang der z-Achse beschränken, wie sie bei konfokalen Mikroskopen in der Fokusebene auftritt. Alle Random Walker, die sich zu weit von der gerade berechneten z-Ebene entfernt liegen, werden nicht mehr berücksichtigt.

Prinzipiell lässt sich die Simulation von fluoreszenzmikroskopischen Bildern und die Simulation der Diffusion von Fluorophoren auf den fusionierten Kugeln, die im nächsten Abschnitt behandelt werden soll, kombinieren. Dadurch kann nach jedem Diffusionsschritt ein Bild ei-

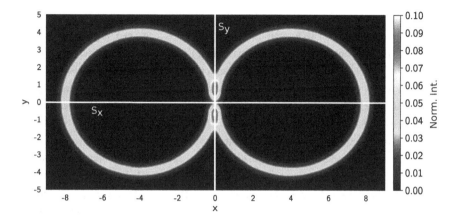

Abbildung 4.3: Schnitt in der xy-Ebene durch die Geometrie fusionierter Kugeln bei kleinem Kontakt-winkel. Farblich kodiert ist die Fluoreszenzintensität, dabei entsprechen helle Farben hohen Intensitäten und dunkle Farben kleinen Intensitäten. Zusätzlich eingezeichnet sind Schnitte entlang der y- und x-Achse, die für eine nähere Analyse verwendet werden sollen.

nes oder mehrerer Schnitte durch die Geometrie erzeugt werden und so ein FRAP-Experiment in Bildern zeit- und höhenaufgelöst betrachtet werden.

4.4.2 Simulierte Bilder als Funktion des Kontaktwinkels α

Die Simulation wurde mit einer Million Random Walkern durchgeführt, der Radius der Kugeln R_S liegt bei 4.0. Betrachtet werden Schnitte in der xy-Ebene durch die Mitte der Geometrie entlang der z-Achse, bei $z = 0.0$. Die Standardabweichung der PSF in x- und y-Richtung soll bei $\sigma_x = \sigma_y = 0.2$ liegen. Die Standardabweichung der PSF in z-Richtung soll im Intervall $[0.2, 0.8]$ variabel gehalten werden, um den Einfluss der Anisotropie der PSF zu untersuchen. Die Normierung bzw. Helligkeit eines jeden Random Walkers wird entsprechend der Gleichung 4.15 besetzt. Die Intensitätsverteilung des Schnitts wird normiert mit der Gesamtintensität aller Random Walker der Simulation. Berechnet werden nur jene Pixel um die Position eines Random Walkers, deren Funktionswert der PSF oberhalb einem Tausendstel des Funktionswert an der Pixelposition ist, um einen zu großen Rechenaufwand zu verhindern.

Ein Beispiel eines solchen Schnittbildes ist in Abbildung 4.3 zu sehen. Der relevante Bereich dieser Bilder wird im Bereich des toroiden Zwischenbereichs sein. Es soll die Möglichkeit untersucht werden, allein aus den Schnittbildern Parameter wie den Kontaktwinkel zu bestimmen. Für die Kugeln wird sich außerhalb des Zwischenbereichs kein Unterschied in der normierten Intensität als Funktion des Kontaktwinkels α zeigen. Für den Zwischenbereich werden aber abhängig vom Kontaktwinkel und der Standardabweichung der PSF in z-Richtung Einflüsse der relativ nahen überspannenden Membran erwartet. Beispielsweise ist bei einem Kontaktwinkel von $\alpha = 0.0°$ eine Verdoppelung der normierten Intensität im Bereich des Dockings zu erwarten, da dort zwei Membranen dicht beieinander liegen.

Zunächst sollen die Bilder des Kontaktbereichs näher untersucht werden, im Anschluss soll eine Untersuchung von Intensitätsschnitten entlang der x- und y-Achse, wie sie in Abbildung 4.3 mit S_x und S_y markiert sind, erfolgen. Dabei werden zwei verschiedene Arten von möglicher Fusion untersucht: Zum Einen die volle Fusion, bei der beide Hälften der Doppelmembran fusionieren, und zum Anderen die Hemifusion, bei der nur die äußere Membran der Doppelmembran mit der äußeren der anderen Kugel fusioniert, während die innere Membran unangetastet bleibt.

In der Simulation wird letzterer Zustand durch eine Überlagerung eines Simulationsbildes mit dem Kontaktwinkel $\alpha = 0°$ und einer Simulation der vollen Fusion mit entsprechendem Kontaktwinkel realisiert. Damit werden alle Simulationsbilder, in denen Hemifusion untersucht wird, mit der doppelten Anzahl an Random Walkern durchgeführt.

Simulierte Bilder bei isotroper PSF

Wie bereits erwähnt wird der relevante Teil der Bilder im Bereich der Kontaktzone der beiden Kugeln liegen. Für einen Kontaktwinkel von $\alpha = 0°$ erwarten wir eine doppelt so hohe Intensität am Kontaktpunkt der beiden Kugeln, als auf der restlichen Membran im Schnittbild. Wird der Kontaktwinkel größer, so ist eine Vorhersage des Verhaltens nicht mehr so leicht. Bei unendlich kleiner Ausdehnung der PSF folgt der Schnitt durch die Geometrie ganz und gar dem Verlauf der Funktion, die den Radius des Rotationskörpers beschreibt, es wäre also möglich direkt aus diesem Schnitt einen Kontaktwinkel zu erhalten. In der Realität ist die Ausdehnung der PSF aber endlich und außerdem relativ groß. Anisotropie in z-Richtung wird zu zusätzlichen Effekten gerade bei kleinen Kontaktwinkel führen, wenn die in der Kontaktzone von den Kugeln abgelöste Membran dem Schnittbild bei $z = 0$ relativ nahe ist.

Im Folgenden sollen Auftragungen simulierter, fluoreszenzmikroskopischer Bilder bei *Fullfusion* gezeigt werden: Zum einen ein Satz an fünf unterschiedlichen Kontaktwinkeln bei einer isotropen PSF mit den Standardabweichungen $\sigma_x = \sigma_y = \sigma_z = 0.2$.

Und dann der selbe Satz an Kontaktwinkeln bei einer stark anisotropen PSF mit $\sigma_x = \sigma_y = 0.2$ und $\sigma_z = 0.6$.

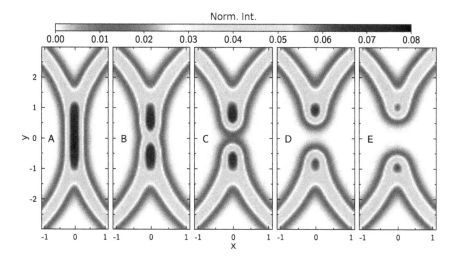

Abbildung 4.4: Auftragung des relevanten Kontaktbereichs zwischen zwei Kugeln im Schnittbild bei
$z = 0$. Farbcodiert ist die normierte Intensitätsverteilung in diesem Schnitt, wie sie
im mikroskopischen Bild zu sehen wäre bei voller Fusion bei fünf verschiedenen
Kontaktwinkeln:
A: $\alpha = 0°$, B: $\alpha = 3°$, C: $\alpha = 6°$, D: $\alpha = 9°$ und E: $\alpha = 12°$.
Die PSF in diesem Bild ist isotrop mit der Standardabweichung $\sigma = 0.2$.

Dabei entspricht letzterer Satz eher der Situation in realen fluoreszenzmikroskopischen
Bildern, in denen die Auflösung in z-Richtung etwa um den Faktor 3 schlechter ist, als die
laterale Auflösung in der xy-Ebene. Für den ersten Parametersatz ist eine Auftragung des
relevanten Bereichs in Abbildung 4.4 zu sehen.

Die Erwartung für einen Kontaktwinkel von $\alpha = 0°$ wird erfüllt, es ist tatsächlich ein Bereich am Kontaktpunkt der beiden Kugeln zu sehen, dessen normierte Intensität in etwa
dem Doppelten der Intensität auf der Membran der restlichen Kugeln entspricht. Wir der
Kontaktwinkel erhöht, so würde man für unendlich kleine Ausdehnung der PSF eine Lücke
entlang der y-Achse im Kontaktbereich erwarten, die ohne Intensität ist. Durch die Ausdehnung der PSF ist dies aber nicht zu beobachten, stattdessen zeigen sich zwei durch einen
dunkleren Zwischenbereich getrennte Maxima in der Intensitätsverteilung. Diese Maxima zeigen Bereich an, in denen zwei Doppelmembranen sehr nah beieinander liegen. Der Abstand
dieser Maxima wird wie aus der Geometrie zu erwarten für größere Werte des Kontaktwinkels
größer, die Lücke zwischen diesen beiden Maxima wird größer und dunkler. Für den Fall eines

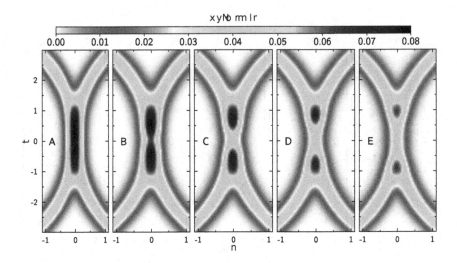

Abbildung 4.5: Auftragung des relevanten Kontaktbereichs zwischen zwei Kugeln im Schnittbild bei
$z = 0$. Dargestellt ist der Zustand der Hemifusion. Farbcodiert ist die normierte Intensi-
tätsverteilung in diesem Schnitt, wie sie im mikroskopischen Bild zu sehen wäre bei
fünf verschiedenen Kontaktwinkeln:
A: $\alpha = 0°$, B: $\alpha = 3°$, C: $\alpha = 6°$, D: $\alpha = 9°$ und E: $\alpha = 12°$.
Die PSF in diesem Bild ist isotrop mit der Standardabweichung $\sigma = 0.2$.

Kontaktwinkels von $\alpha = 12°$ ist die Membran deutlich als von der Kugel abgelöst zu erkennen.

Bemerkenswert ist jedoch der Verlauf der äußeren Kante des Helligkeitsverlaufs. Für alle
Kontaktwinkel in dem hier untersuchten Kontaktwinkelbereich scheint sich die äußere Kontur
der Geometrie nicht zu ändern. Würde also versucht aus dem Umriss der Geometrie in
einem solchen Bild den Kontaktwinkel zu bestimmen, so müsste dieser Versuch unweigerlich
scheitern. Erst für sehr große Kontaktwinkel über 20° ist mit einer Änderung des Umrisses
zu rechnen. Bestimmend ist in dem hier untersuchten Bereich allein die Größe der lateralen
Standardabweichung der PSF in der xy-Ebene. Aus dem scheinbaren Verlauf der äußeren
Helligkeitskante lässt sich ebenfalls kaum eine Information über den Kontaktwinkel erhalten,
da über große Bereiche des Kontaktwinkels trotz Ablösung der Membran von der Kugel im
simulierten Bild keine Ablösung zu erkennen ist.

Für den Fall einer Hemifusion ist das Verhalten der simulierten Bilder sehr ähnlich, eine
Auftragung mit isotroper PSF ist in Abbildung 4.5 zu sehen. Das sehr ähnliche Verhalten
verwundert nicht, wenn man bedenkt, dass sich diese Simulationen als Kombination einer

Simulation mit vollständiger Fusion und einer mit einem Kontaktwinkel von $\alpha = 0°$ ergeben. Dementsprechend ist das Bild bei reinem *Docking* identisch. Für größere Kontaktwinkel – bis auf die Tatsache, dass es nun keinen Bereich sehr geringer Intensität zwischen den beiden Kugeln mehr gibt – ebenso. Auch hier ist bemerkenswert, dass sich an dem Verlauf der äußeren Helligkeitskante im Bild keine Aussage über einen Kontaktwinkel treffen lässt, da auch hier keine Änderung als Funktion des Kontaktwinkels zu beobachten ist.

Möglicherweise lassen sich mehr Informationen über charakteristische Parameter des Systems über Schnitt entlang der x- oder y-Achse treffen. Zunächst soll aber das Verhalten bei anisotroper PSF untersucht werden.

Simulierte Bilder bei anisotroper PSF

Bei anisotroper PSF, d.h. bei einer PSF, deren Standardabweichung in z-Richtung verglichen mit der in der xy-Ebene größer ist, wird im Wesentlichen das Gleiche Verhalten wie bei Bildern mit isotroper PSF erwartet. Einziger Unterschied ist der stärkere Einfluss von Random Walkern ober- und unterhalb der Fokusebene auf das Bild. Dies dürfte sich beispielsweise darin äußern, dass die Intensitätsverteilung der Membran im Bereich der Kugel in Richtung des Kugelinneren unsymmetrisch breiter wird, da nun verstärkt Random Walker von ober- oder unterhalb in das Bild "hineinscheinen". Da im Zwischenbereich der Kugeln die allermeisten Random Walker sehr nahe an der Fokusebene liegen, wird bei sehr starker Anisotropie statt einem tatsächlichen Schnitt durch die Fokusebene eher eine Projektion aller Random Walker in diesem Bereich auf die Fokusebene sichtbar sein.

Eine Auftragung von Schnittbildern mit anisotroper PSF, bei der die Ausdehnung in z-Richtung dreimal größer ist als die laterale Ausdehnung in der xy-Ebene, ist in Abbildung 4.6 zu sehen.

Größter offensichtlicher Unterschied zu den Bildern mit isotroper PSF ist die generell geringere normierte Intensität in dem betreffenden Schnitt, was daran liegt, dass die gleiche Helligkeit im Wesentlichen gleich vieler Random Walker durch die größere Ausdehnung der PSF auf ein größeres Gebiet verteilt wird. Das ausgeprägte Maximum bei reinem Docking in der Mitte bleibt erhalten, die Intensität dort ist wie bei anderen Bildern in etwa doppelt so hoch wie im Bereich der restlichen Membran, was sich mit den Erwartungen deckt. Bei steigendem Kontaktwinkel teilt sich dieses Intensitätsmaximum in zwei separate Maxima auf, die jene Bereiche der Geometrie beschreiben, an denen zwei Doppelmembranen sehr nach beieinander liegen. Der Bereich zwischen zwei Maxima entlang der y-Achse verliert verglichen mit dem Bild bei isotroper PSF langsamer an Intensität, so dass selbst bei einem großen Kon-

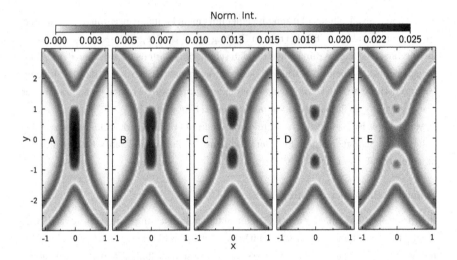

Abbildung 4.6: Auftragung des relevanten Kontaktbereichs zwischen zwei Kugeln im Schnittbild bei
$z = 0$. Dargestellt ist der Zustand der vollständiger Fusion. Farbcodiert ist die normierte
Intensitätsverteilung in diesem Schnitt, wie sie im mikroskopischen Bild zu sehen wäre
bei fünf verschiedenen Kontaktwinkeln:
A: $\alpha = 0°$, B: $\alpha = 3°$, C: $\alpha = 6°$, D: $\alpha = 9°$ und E: $\alpha = 12°$.
Die PSF in diesem Bild ist anisotrop mit der lateralen Standardabweichung $\sigma_x = \sigma_y = 0.2$ und der axialen Standardabweichung $\sigma_z = 0.6$.

taktwinkel von $\alpha = 12°$ noch eine deutliche Restintensität in der Mitte des Zwischenbereichs
sichtbar ist, obwohl dort keine Membran vorhanden ist.

Es bleibt dabei, dass der Umfang des Bildes und die damit verbundene scheinbare Position
der äußeren Membran bei Variation des Kontaktwinkels unverändert bleibt. Auch hier lässt
sich kein Kontaktwinkel allein aus dem Umfang bestimmen. Gleiches gilt für ein Bild bei
anisotroper PSF im hemifusionierten Zustand, wie in Abbildung 4.7 zu sehen ist.

Als Fazit dieser Betrachtung lässt sich sagen, dass eine direkte Bestimmung charakteristischer Parameter aus den Bildern nicht möglich ist. Bestimmte Strukturen, wie die Ausbildung
zwei separater Intensitätsmaxima mit steigendem Kontaktwinkel, müssen auf andere Art und
weise näher untersucht werden, da sich aus den bloßen Bildern keine Art von quantitativen
Aussagen treffen lässt. Der Grad der Separierung dieser Maxima oder die Intensität zwischen
ihnen ist durch die starke Abhängigkeit von der Anisotropie der PSF, die üblicherweise in
einem Experiment nicht genau bekannt ist und vermutlich auch nicht ideal gaußsch sein

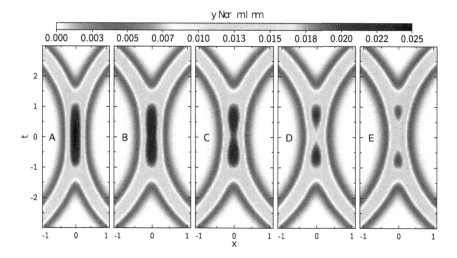

Abbildung 4.7: Auftragung des relevanten Kontaktbereichs zwischen zwei Kugeln im Schnittbild bei $z = 0$. Dargestellt ist der Zustand der Hemifusion. Farbcodiert ist die normierte Intensitätsverteilung in diesem Schnitt, wie sie im mikroskopischen Bild zu sehen wäre bei fünf verschiedenen Kontaktwinkeln:
A: $\alpha = 0°$, B: $\alpha = 3°$, C: $\alpha = 6°$, D: $\alpha = 9°$ und E: $\alpha = 12°$.
Die PSF in diesem Bild ist anisotrop mit der lateralen Standardabweichung $\sigma_x = \sigma_y = 0.2$ und der axialen Standardabweichung $\sigma_z = 0.6$.

wird, nicht geeignet für quantitative Aussagen. Zuletzt ist die Ähnlichkeit zwischen Bildern mit stark anisotroper PSF und einem Bild mit isotroper PSF, aber einem hemifusionierten Zustand zu stark um präzise zwischen ihnen unterscheiden zu können.

Daher soll im Folgenden versucht werden, durch die Betrachtung von Intensitätsprofilen entlang der x- und der y-Achse genauere Informationen zu erhalten.

Intensitätsprofile entlang der x-Achse

Zunächst sollen Intensitätsprofile entlang der x-Achse untersucht werden, wie sie in Abbildung 4.3 mit S_x markiert sind. Zu erwarten sind drei Peaks: Zwei im Wesentlichen identische Peaks bei $|x| \approx 2R_S$, deren Form und Höhe keine Funktion vom Kontaktwinkel α sein sollte, und ein Peak bei $x \approx 0$. Die beiden äußeren Peaks entsprechen der Intensität der Helligkeit der Membran auf den beiden Kugeln, der Kontaktwinkel ist für diese völlig irrelevant. Für den Fall von $\alpha = 0°$ wird der Peak in der Mitte, wie zuvor erläutert, eine doppelt so hohe Intensität

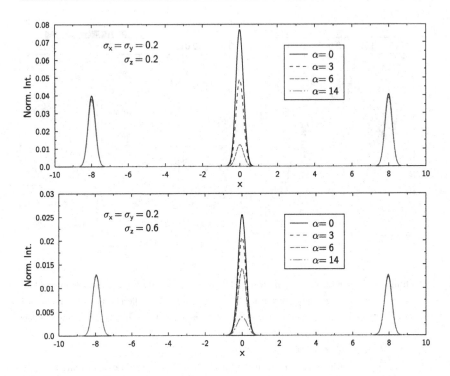

Abbildung 4.8: Auftragung des Intensitätsprofils entlang der x-Achse von simulierten fluoreszenzmikroskopischen Bildern fusionierter Kugeln. Der zugrundeliegende Schnitt liegt bei
$z = 0$
Oben: Intensitätsprofil als Funktion des Kontaktwinkels für eine isotrope PSF mit angegebenen Standardabweichungen.
Unten: Intensitätsprofil als Funktion des Kontaktwinkels für eine anisotrope PSF mit
angegebenen Standardabweichungen.

wie außen aufweisen, da bei reinem *Docking* an dieser Stelle zwei Doppelmembranen in
Kontakt sind. Für alle anderen Kontaktwinkeln ist an dieser Stelle keine Membran zu finden,
jegliche Intensität entsteht durch die "Verschmierung"der Intensität einzelner Fluorophore
durch Beugungseffekte und Abbildungsfehler. Dementsprechend dürfte die Intensität hier
generell mit größerer Ausdehnung der PSF in alle drei Richtungen steigen, der Anstieg ist
bereits in den ganzen Bildern zuvor angedeutet. Eine solche Auftragung für verschiedene
Kontaktwinkel des vollständig fusionierten Zustands ist in Abbildung 4.8 zu sehen.

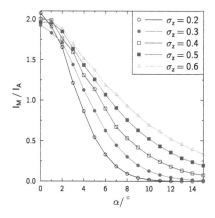

Abbildung 4.9: Integral des mittleren Peaks normiert mit dem Integral der seitlichen Peaks als Funktion des Kontaktwinkels bei verschiedenen Werten der Ausdehnung der PSF in z-Richtung.

Dabei zeigt sich bei einer isotropen PSF eine Konstanz der beiden äußeren Peaks bei Veränderung des Kontaktwinkels, während der mittlere Peak von einer anfänglich doppelt so großen Intensität auf Null abfällt. Der Abfall der Höhe bzw. des Integrals des mittleren Peaks verglichen mit den beiden äußeren könnte eine Möglichkeit sein eine quantitative Aussage über den Kontaktwinkel zu treffen. Für eine anisotrope PSF ist das Bild im Wesentlichen identisch zu dem mit isotroper PSF, bei größeren Kontaktwinkel fällt das Integral des mittleren Peaks allerdings nicht mehr auf Null ab. Dies ist nicht verwunderlich, da durch große Ausdehnung der PSF in z-Richtung eine Projektion sehr vieler Random Walker im Kontaktbereich auf die Fokusebene zu sehen ist.

Eine Auftragung des Integrals des mittleren Peaks, I_M, normiert mit dem mittleren Integral der seitlichen Peaks, I_A, als Funktion des Kontaktwinkels für verschiedene Werte der Ausdehnung der PSF in z-Richtung ist in Abbildung 4.9 zu sehen. Wie erwartet ist für einen Kontaktwinkel von $\alpha = 0°$ das normierte Integral bei zwei, für größere Kontaktwinkel wird der Wert kleiner. Es zeigt sich eine deutliche Abhänigkeit vom Kontaktwinkel, die sich allerding zusätzlich stark mit der Größe der Anisotropie der PSF ändern. Auch diese Auswertung eignet sich nicht für die Bestimmung eines Kontaktwinkels aus einem einzelnen Bild. Die einzig mögliche Aussage wäre die Unterscheidung zwischen einem reinen Docking, für das der Wert des normierten Integrals bei etwa zwei liegen musst, von einem zumindest teilweise fusionierten Zustands. Darüber hinaus sind keine verlässlichen Aussagen zu treffen: Die Struktur und die Parameter der PSF sind üblicherweise entweder nicht bekannt, oder nur aufwendig zu bestimmen.

Auf die Auswertung des Intensitätsprofils entlang der x-Achse für dem hemifusionierten Zustand wird an dieser Stelle verzichtet, da daraus ganz analog zu dem vollständig fusionierten Zustand keine Aussage zu erwarten ist.

Intensitätsprofile entlang der y-Achse

Eine Auftragung des Intensitätsprofils entlang der y-Achse für verschiedene Kontaktwinkel und für verschiedene Ausdehnungen der PSF in z-Richtung des vollständig fusionierten Zustands ist in Abbildung 4.10 zu sehen.

Charakteristisch ist die Ausbildung der zwei separaten Intensitätsmaxima bei größer werdendem Kontaktwinkel. Je größer die Anisotropie der PSF in z-Richtung, desto kleiner ist der relative Abfall der Intensität bei $y = 0$. Die normierte Intensität sinkt generell für steigendes σ_z, da die Helligkeit einzelner Random Walker auf einen größeren Bereich verteilt wird. Bemerkenswert ist die im Wesentlichen identische Breite aller Intensitätsprofile unabhängig vom Kontaktwinkel. Dies bestätigt die zuvor gefundene Beobachtung, dass allein aus dem Umriss der fusionierten Kugeln auf fluoreszenzmikroskopischen Bilder keine Aussage über den Kontaktwinkel getroffen werden kann.

Abbildung 4.11 zeigt eine analoge Auftragung für den Zustand der Hemifusion. Die Intensität bei $y = 0$ ist systematisch größer, was darauf zurückzuführen ist, dass die innere Membran der Doppelmembran um die Kugeln herum völlig unabhängig vom Kontaktwinkel auf der Kugeloberfläche bleibt. Die Breite ist wie zuvor beim vollständig fusionierten Zustand nicht abhängig vom Kontaktwinkel.

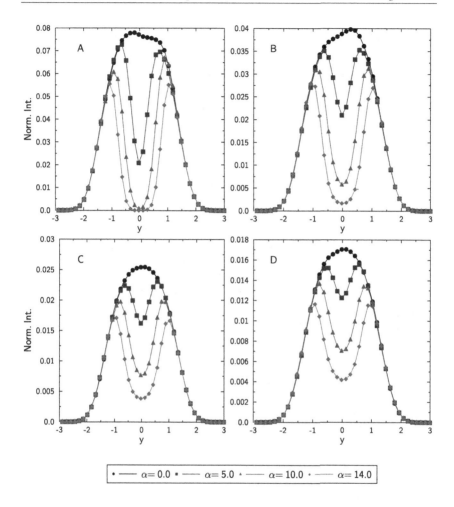

Abbildung 4.10: Intensitätsprofil entlang der y-Achse für verschiedene Kontaktwinkel für den vollständig fusionierten Zustand.

A: $\sigma_z = 0.2$, B: $\sigma_z = 0.4$, C: $\sigma_z = 0.6$ und D: $\sigma_z = 0.8$. Die laterale Standardabweichung der PSF liegt bei $\sigma_x = \sigma_y = 0.2$.

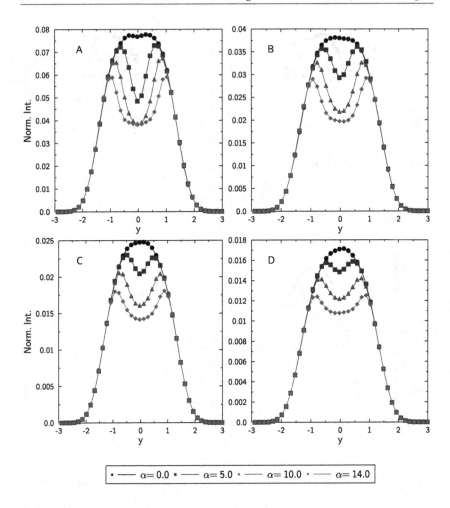

Abbildung 4.11: Intensitätsprofil entlang der y-Achse für verschiedene Kontaktwinkel im Zustand der Hemifusion.

A: $\sigma_z = 0.2$, B: $\sigma_z = 0.4$, C: $\sigma_z = 0.6$ und D: $\sigma_z = 0.8$. Die laterale Standardabweichung der PSF liegt bei $\sigma_x = \sigma_y = 0.2$.

4.4.3 Zusammenfassung

In diesem Abschnitt wurden fluoreszenzmikroskopische Bilder aus einer zufälligen Verteilung von Random Walkern auf der Geometrie fusionierter Kugeln erzeugt. Dabei ist davon
ausgegangen worden, dass das resultierende Bild dieser punktförmigen Lichtquellen durch
eine dreidimensionale Gaußfunktion als PSF beschrieben werden kann. Anhand dieser Bilder
sollte untersucht werden, ob es eine direkte Möglichkeit der Bestimmung charakteristischer
Parameter gibt, z.b. ob es möglich ist direkt den Kontaktwinkel zwischen zwei Kugeln oder
den Grad der Fusion abzulesen. D.h. ob reines *Docking* – membranumhüllte Kugeln treten
in Wechselwirkung und Kontakt, ohne dass es zu einer Vereinigung der Membranen kommt
– Hemifusion – es kommt zu einer Vereinigung des äußeren Teils der Doppelmembran, die
die Kugeln umhüllt, während der innere Membranteil unangetastet bleibt – oder vollständige
Fusion auftritt, bei der beide teile der Doppelmembran sich vereinigen und beide Kugeln nun
von einer gemeinsamen, geschlossenen Doppelmembran umgeben sind.

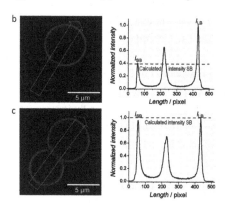

Abbildung 4.12: Fluoreszenzmikroskopische Aufnahme[12] von membranumhüllten Glasbeads bei
Vorliegen von Hemifusion (b) und vollständiger Fusion (c). Nebenstehend das Intensitätsprofil entlang des Pfeils. Vor der Wechselwirkung der beiden Glasbeads trug nur
die größere der beiden eine Fluoreszenzmarkierung.

Experimente durchgeführt von Bao et al.[12] weisen darauf hin, dass zumindest letztere Frage aus fluoreszenzmikroskopischen Bildern getroffen werden kann, dabei wird aber
die Diffusion von Fluorophoren ausgenutzt. Von beiden wechselwirkenden Kugeln ist nur
eine mit einem Fluoreszenzfarbstoff markiert. Sobald *lipid mixing* auftritt, ist in beiden Kugeln Fluoreszenz nachzuweisen, obwohl nur eine Kugel markiert war. Das Verhältnis der

Fluoreszenzintensitäten führt zu einer Aussage über die Art der Wechselwirkung. Diese Art der Auswertung steht uns hier nicht zur Verfügung, da wir von zwei gleichförmig fluoreszenzmarkierten Kugeln ausgehen, die Unterschiede in ihrem Kontaktbereich zeigen sollten. Abbildung 4.12 zeigt Aufnahmen von BAO et. al. zweier fusionierter Kugeln bei Hemifusion (b) und vollständiger Fusion (c).

Der Zwischenbereich der Kugeln entlang der Verbindungsachse der Kugeln sollte im Falle von vollständiger Fusion bei großen Kontaktwinkeln keine Intensität mehr zeigen, während bei Hemifusion Intensität verbleibt. Im Experiment zeigt sich aber überhaupt kein Unterschied, was darauf hindeutet, dass die Kontaktwinkel zu klein sind um eine Unterscheidung zu ermöglichen.

Zum Anderen sagen unsere Simulationen zwei deutliche Intensitätsmaxima für $\alpha \neq 0°$ senkrecht zur Verbindungsachse der Kugeln vorher, die in den Experimenten nicht beobachtet werden.

Jedoch zeigen die durchgeführten Simulationen deutlich, dass allein aus dem Umfang, d.h. dem Verlauf äußeren Helligkeitskante der fusionierten Kugeln, keine Aussagen über den Kontaktwinkel getroffen werden dürfen, da dieser für relevante Bereiche von α keine Funktion des Kontaktwinkels ist.

Aussagen über den Kontaktwinkel und die Art der Fusion können also höchstens über die Diffusion von Lipiden und die Durchführung von FRAP-Experimenten getroffen werden. Daher soll im Folgenden die laterale Diffusion von fluoreszenzmarkierten Lipidmolekülen auf der Geometrie der fusionierten Kugeln simuliert werden und mittels dieser Simulation FRAP-Experimente bei verschiedenen Kontaktwinkeln durchgeführt werden.

4.5 Diffusion auf der Geometrie fusionierter Kugeln

4.5.1 Algorithmus der Simulation auf fusionierten Kugeln

Die laterale Diffusion von fluoreszenzmarkierten Molekülen in der Membran fusionierter Kugeln wird durch eine Monte-Carlo-Simulation modelliert. Dabei wird eine relativ große Zahl an Random Walkern stellvertretend für die fluoreszenzmarkierten Moleküle in jedem Zeitschritt zufällig auf der Tangentialebene der entsprechenden Position auf der Membran um eine feste Schrittlänge σ_0 bewegt. Anschließend wird der so bewegte Random Walker entsprechend der Membrangeometrie zurück auf die Membranoberfläche projiziert. Die

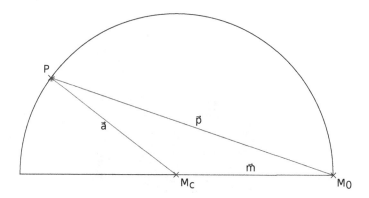

Abbildung 4.13: Teilschnitt durch eine Kugel, auf dessen Oberfläche sich im Punkt P ein Random Walker befindet. Der Vektor, der vom Ursprung des Koordinatensystems zum Random Walker zeigt, $\vec{p}$, lässt sich in zwei Teilvektoren zerlegen: Einen Vektor vom Urpsrung zum Mittelpunkt der Kugel, $\vec{m}$, und einen Vektor, der vom Mittelpunkt der Kugel zum Random Walker zeigt, $\vec{a}$.

Größe der Schrittlänge σ_0 bei einem gegebenen Zeitintervall $\mathrm{d}t$ legt die Längenskala der Diffusion fest. Für Random Walker gilt das Einstein-Gesetz:[24]

$$\langle r^2 \rangle = 4Dt \tag{4.28}$$

Dabei ist $\langle r^2 \rangle$ die mittlere quadratische Verschiebung eines Random Walkers von seiner Ursprungsposition. Dies ist gültig für den Random Walk in zwei Dimensionen. Das hier betrachtete Objekt ist zwar dreidimensional, die Diffusion der Random Walker erfolgt aber auf einer in erster Näherung zweidimensionalen Geometrie auf der Membran.

Zunächst soll die Bestimmung der Tangentialebene für jede Position auf der Membranoberfläche erläutert werden. Dazu wird die Geometrie wieder in zwei Bereiche aufgeteilt: Dem Bereich links und rechts des Kontaktbereichs der beiden Sphären, in denen $(-2R_S \leq x \leq -h)$ bzw. $(h \leq x \leq 2R_s)$ gilt, und dem toroiden Zwischenbereich, in dem $-h < x < h$ gilt.

Tangentialebene auf den Sphären

Die Positionen aller Random Walker liegen als Tupel kartesischer Koordinaten vor. Der Ursprung des Koordinatensystems, M_0, befindet sich auf der Hälfte der Strecke zwischen den Mittelpunkten der beiden Sphären. Zur Bestimmung eines Vektors, der senkrecht auf dem Normalenvektor der Membranfläche an der Position eines Random Walkers liegt wird der

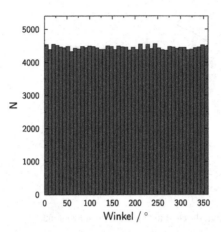

Abbildung 4.14: Histogramm der Winkel zur positiven x-Achse von 200000 Vektoren, die durch Bildung des Kreuzprodukts zwischen $\vec{e}_z$ und einem zufälligen Vektor erzeugt wird. Gut zu sehen ist die gleichförmige Verteilung der Winkel zwischen $0°$ und $360°$.

Umstand ausgenutzt, dass in einer sphärischen Geometrie jeder Vektor vom Mittelpunkt der Sphäre, M_C, zur Oberfläche der Sphäre automatisch parallel zum Normalenvektor steht. Diesen Vektor $\vec{a}$ erhält man als $\vec{a} = \vec{p} - \vec{m}$. Dabei ist $\vec{m}$ der Vektor vom Ursprung des Koordinatensystems zum Mittelpunkt der Sphäre und $\vec{p}$ der Koordinatenvektor des Random Walkers. $\vec{m}$ ist dabei für jeden Punkt P gegeben als $\vec{m} = (\pm R_S, 0, 0)$. Dabei hängt das Vorzeichen der x-Komponente des Vektors davon ab, ob die linke oder rechte Sphäre der fusionierten Kugeln betroffen ist.

Gesucht wird nun ein Vektor $\vec{v}$, der senkrecht zu $\vec{a}$ ist und gleichzeitig einen zufälligen Drehwinkel um ebenjenen Vektor $\vec{a}$ zeigt. Dies soll hier durch die Bildung des Kreuzprodukts zwischen $\vec{a}$ und einem Vektor $\vec{r}$ geschehen, dessen Komponenten Zufallszahlen aus einer Standardnormalverteilung darstellen. An dieser Stelle könnten auch Zufallszahlen aus einer gleichförmigen Verteilung gezogen werden, wie sich aber herausstellt, ist dies für die resultierende Verteilung der Winkel irrelevant. Es gilt:

$$\vec{v} = \vec{a} \times \vec{r} \tag{4.29}$$

Solange $\vec{r} \neq \vec{0}$ und $\vec{r} \nparallel \vec{a}$ gelten, ist der resultierende Vektor $\vec{v}$ Teil der Tangentialebene am Punkt P und durch die zufällige Wahl der Komponenten von $\vec{r}$ die Richtung des resultierenden Vektors innerhalb der Tangentialebene zufällig. Als Test der tatsächlichen Zufälligkeit der Orientierung dieses Vektors soll an dieser Stelle das Kreuzprodukt zwischen dem Einheitsvektor $\vec{e}_z$ und einem Vektor mit zufällig bestimmten Komponenten wie oben beschrieben berechnet werden und der Winkel dieses Vektors zu der positiven x-Achse bestimmt werden. Das Histogramm der Winkel von 100000 Berechnungen ist in Abbildung 4.14 zu sehen. Wie sich zeigt ist die Verteilung der Winkel hinreichend gleichförmig, so dass keine nachträgliche Randomizierung der Orientierung des erhaltenen Vektors $\vec{v}$ nötig ist.

Mit gegebener Schrittlänge σ_0 ist nun der Verschiebungsvektor $\vec{v}_\sigma$ bei einmaligem Random Walk gegeben als:

$$\vec{v}_\sigma = \frac{\vec{v}}{|\vec{v}|} \cdot \sigma_0 \qquad (4.30)$$

Die Position des Random Walkers $\vec{p}'$ in der Tangentialebene um seine vorherige Position ist nun:

$$\vec{p}' = \vec{p} + \vec{v}_\sigma = \vec{p} + \frac{\vec{v}}{|\vec{v}|} \cdot \sigma_0 \qquad (4.31)$$

Dieser Ortsvektor stellt allerdings nur ein Zwischenergebnis dar, da nun eine Rückprojektion auf die Membranoberfläche durchgeführt werden muss. Dazu wird ein neuer Vektor von der neuen Random Walker Position zum Mittelpunkt betreffender Kugel berechnet und dieser auf die Kugel zurückprojiziert. Es gilt:

$$\vec{a}' = \frac{\vec{a} + \vec{v}_\sigma}{|\vec{a} + \vec{v}_\sigma|} \cdot R_S \qquad (4.32)$$

Die letztendliche neue Position des Random Walkers ist:

$$\vec{p}'_{\text{neu}} = \vec{m} + \vec{a}' \qquad (4.33)$$

Tangentialebene auf dem Torus

Eine schematische Skizze der Geometrie im Zwischenbereich der beiden Kugeln ist nochmals in Abbildung 4.15 zu sehen. Der Normalenvektor der Tangentialebene an der Position des Random Walkers, wenn er sich im Bereich $-h < x < h$ befindet, berechnet sich als:

$$\vec{a} = \vec{p} - \vec{m}_T \qquad (4.34)$$

Dabei ist $\vec{p}$ der Ortsvektor des Random Walkers und $\vec{m}_T$ der Ortsvektor des Mittelpunkts des Torusschnitts in der entsprechenden Ebene. Dabei ist es wichtig, dass sowohl der Punkt P als auch der Torusschnittmittelpunkt M_T auf einer gemeinsamen Ebene liegen, deren Drehwinkel zur x-Achse durch die y- und z-Komponenten des Ortsvektors des Random Walkers gegeben ist.

Es gilt:

$$\vec{m}_T = \begin{pmatrix} 0 \\ p_y \\ p_z \end{pmatrix} \cdot \frac{R_T}{\sqrt{p_y^2 + p_z^2}} \qquad (4.35)$$

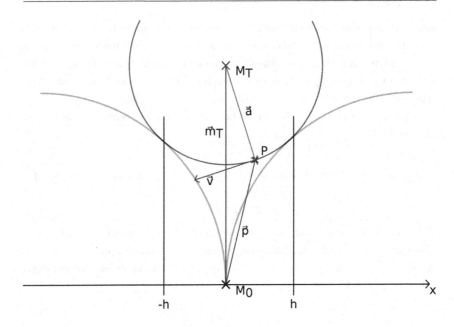

Abbildung 4.15: Schnitt durch eine Ebene der fusionierten Kugeln, die durch die x-Achse und die
Position des Random Walkers P aufgespannt wird. Der Vektor zur Random Walker
Position $\vec{p}$ wird in zwei Teilvektoren zerlegt: Einen Vektor $\vec{m}_T$ vom Ursprung zum
Mittelpunkt M_T des Torusschnitts und einen Vektor $\vec{a}$ vom Mittelpunkt des Torus-
schnitts zur Random Walker Position P. Zusätzlich ist ein zu $\vec{a}$ senkrechter, aber nicht
normierter Schrittvektor zu sehen.

Damit ist der nichtnormierte Normalenvektor der Tangentialebene gegeben als:

$$\vec{a} = \begin{pmatrix} p_x \\ p_y \\ p_z \end{pmatrix} - \begin{pmatrix} 0 \\ p_y \\ p_z \end{pmatrix} \cdot \frac{R_T}{\sqrt{p_y^2 + p_z^2}} \tag{4.36}$$

An dieser Stelle wird erneut ein Zufallsvektor $\vec{r}$ wie im vorigen Abschnitt erzeugt und das
Kreuzprodukt aus Normalenvektor und diesem Vektor gebildet, um einen senkrechten und
zufällig orientierten Schrittvektor zu erhalten. Der Schrittvektor, normiert auf eine gegebene
Schrittlänge ist:

$$\vec{v}_\sigma = \frac{(\vec{a} \times \vec{r})}{|\vec{a} \times \vec{r}|} \cdot \sigma_0 \tag{4.37}$$

Und damit letztendlich die neue Position des Random Walkers auf der Tangentialebene:

$$\vec{p}' = \vec{a} + \vec{v}_\sigma + \vec{m}_T \tag{4.38}$$

Anschließend muss dieser neue Punkt zurück auf die Membranoberfläche projiziert werden. Dies ist verglichen mit der Rückprojektion auf den Sphären der Geometrie fusionierter Kugeln etwas komplizierter, da durch die Veränderung des Winkels des Ortsvektors des Random Walkers bezüglich der x-Achse der zuvor berechnete Ortsvektor des Torusschnittmittelpunkts verschoben wurde. Dieser wird wie zuvor neu berechnet:

$$\vec{m}'_T = \begin{pmatrix} 0 \\ p'_y \\ p'_z \end{pmatrix} \cdot \frac{R_T}{\sqrt{p'^2_y + p'^2_z}} \tag{4.39}$$

Der Vektor vom Mittelpunkt des neuen Torusschnitts zum neuen Punkt P' wird berechnet und anschließend auf den Radius des Torusschnitts normiert.

$$\vec{a}' = \frac{\vec{p}' - \vec{m}'_T}{\left| \vec{p}' - \vec{m}'_T \right|} \cdot R_B \tag{4.40}$$

Damit ist letzendlich die um einen Schritt bewegte, neue Position des Random Walkers auf dem Zwischenbereich nach Rückprojektion gegeben als:

$$\vec{p}_{\text{neu}} = \vec{m}'_T + \vec{a}' \tag{4.41}$$

Korrektur von Fehlern im Bereich $x \approx \pm h$

Der hier vorgestellte Algorithmus berechnet zunächst einen zufällig orientierten Schrittvektor in der Tangentialebene an der Stelle eine Random Walkers. Anschließend wird der Random Walker entsprechend dieses Schrittvektors bewegt. Nach diesem Schritt ist der Random Walker nicht mehr auf der Membranoberfläche und muss daher zurück auf die Membranfläche projiziert werden. Solange sich die Random Walker ausschließlich auf einem der drei Teilbereiche der Geometrie bewegen, ist diese Prozedur unproblematisch.

Die Rückprojektion kann allerdings Fehler verursachen, wenn ein Random Walker mit dem Schrittvektor die Grenze zwischen dem Kugelbereich und dem toroiden Zwischenbereich überschreitet. Welcher Punkt der Referenzpunkt für die Rückprojektionsprozedur ist wird nach der Position des Random Walkers nach dem Schritt bestimmt: Ist der Random Walker nach dem durchgeführten Diffusionsschritt projiziert auf der x-Achse im toroiden Zwischenbereich, wird die Rückprojektion in Richtung des Mittelpunkts des Torusschnitts in der Ebene durchgeführt. Befindet sich der Random Walker nach dem Diffusionsschritt im Bereich der beiden Kugeln, so wird die Rückprojektion in Richtung des Mittelpunkts der Kugeln durchgeführt.

Dabei kann es unter bestimmten Umständen dazu kommen, dass ein Random Walker durch den Diffusionsschritt von der linken Kugel auf den Zwischenbereich springt. Von dort aus wird er in Richtung des Torusschnittmittelpunkts auf die Membranoberfläche projeziert, landet durch diese Prozedur aber wieder in dem Kugelbereich. Dies kann auch umgekehrt bei dem Übergang Torus-Kugel passieren. Diese Fehler müssen korrigiert werden, da sonst Random Walker in der Simulation existieren, die sich außerhalb der eigentlichen Geometrie befinden.

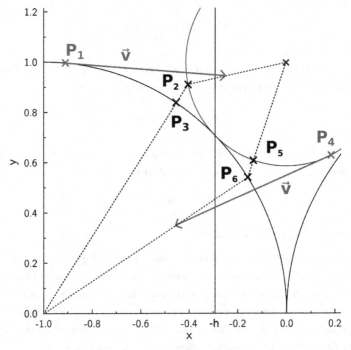

Abbildung 4.16: Schematische Verdeutlichung des Ursprungs von Fehlern bei der Generierung von Diffusionsschritten. Dargestellt ist ein Schnitt durch die Geometrie bei einem Kontaktwinkel von 45°, der die x-Achse enthält.

Eine graphische Übersicht über diese Art von Fehler ist in Abbildung 4.16 zu sehen. Dargestellt ist ein Schnitt durch die Geometrie, der die x-Achse enthält. Die blaue, senkrechte Linie kennzeichnet dabei die Grenze zwischen Kugel und toroidem Zwischenbereich. Links von der blauen Trennlinie kennzeichnet der schwarze Halbkreis den Verlauf der Membran, rechts der Trennlinie ist der rote Torusschnitt der Verlauf der Membran.

Ein Random Walker im Bereich der linken Kugel mit einer x-Koordinate $x < -h$ (P_1) wird durch einen Schritt entlang der Tangentialebene an dieser Stelle auf eine neue Position bewegt, die durch die Pfeilspitze des Vektors $\vec{v}$ angezeigt ist. Der Schritt ist bewusst übertrieben groß dargestellt um den Sachverhalt besser erklären zu können. Nach dem Schritt ist die x-Koordinate des Random Walkers über der Grenze zum toroiden Zwischenbereich (blaue Linie), damit wird eine Rückprojektion auf den toroiden Zwischenteil durchgeführt (entlang der rot gestrichelten Linie), d.h. der Random Walker auf den Torus projiziert, der hier im Schnitt als roter Kreis dargestellt ist. Nach der Projektion befindet sich der Random Walker auf einer falschen Position (P_2), statt auf dem schwarzen Halbkreis befindet sich der Random Walker auf der Oberfläche des Torus. Wird dieser Fehler festgestellt, so wird erneut eine Rückprojektion durchgeführt, dieses Mal aber nicht mit dem Torus als Referenzpunkt, sondern mit der linken Kugel (entlang der grün gestrichelten Linie). Dadurch wird der Random Walker in eine gültige Position überführt (P_3). Ganz analog ist ein solcher Fehler beim Übergang vom Torus zur Kugel in den Punkten P_4 bis P_6 dargestellt.

Dieser Fehler tritt hauptsächlich bei großen Schrittlängen verglichen mit den Dimensionen der Kugel und des toroiden Zwischenbereichs auf, kann daher effektiv mit einer geeigneten Wahl der Schrittlänge vermieden werden. Es ist deutlich zu sehen, dass der Unterschied zwischen der Länge des Vektors $\vec{v}$ und der tatsächlich auftretenden Schrittlänge (dem Bogen entlang der Membran zwischen der ursprünglichen Position des Random Walkers und der Endposition) sehr groß ist, besonders für einen Schritt der vom Torus auf eine der beiden Kugeln führt.

Eine weitere Form von Fehler kann bei großen Schrittlängen auftreten: Die Wanderung eine Random Walkers auf dem oberen Teil des Torus. Solange sich ein Random Walker auf dem toroiden Zwischenbereich befindet, wird zunächst nur überprüft, ob der Abstand des Random Walkers zum Mittelpunkt des entsprechenden Torusschnitts den richtigen Wert hat. Dies ist üblicherweise völlig ausreichend, bedeutet aber auch, dass ein Random Walker, der sich auf dem oberen Teil des Torus bewegt, nicht als fehlerhafter Random Walker erkannt wird. Um diesen Fehler zu erkennen und zu korrigieren, müsste zusätzlich für jeden Random Walker in diesem Bereich abgefragt werden, ob der Abstand des Random Walkers von der x-Achse zu dem Wert der Membran an dieser Stelle passt. Die Korrektur dieses Fehlers ist sehr rechenaufwendig, da die Abfrage in der innersten Schleife der Simulation auftritt. Dieser Fehler ist selten und nur für extrem große Schrittlängen relevant, kann daher durch vernünftige Wahl der Schrittlängen vermieden werden.

Korrektur der Schrittlängen auf gekrümmten Oberflächen

Die eingesetzte Schrittlänge σ_0 wird nicht der realen Schrittlänge σ_r auf der Geometrie entsprechen, da diese die Länge des Schritt vor Rückprojektion auf die Oberfläche darstellt. Durch die Rückprojektion wird abhängig von der Größe des Schritts die tatsächlich durchgeführte Schrittlänge geringfügig verändert, sie ist allerdings analytisch berechenbar. Anschaulich dargestellt ist dies in Abbildung 4.17. Es gilt für die Kugeln:

$$\sigma_r = R_S \cdot \arctan \frac{\sigma_0}{R_S} \tag{4.42}$$

Für den toroiden Zwischenbereich ist die reale Schrittlänge sogar richtungsabhängig. Sie bewegt sich zwischen zwei Extremen, jeweils entlang der x-Achse und senkrecht dazu:

$$\sigma_r(\text{x} - \text{Achse}) = R_B \cdot \arctan \frac{\sigma_0}{R_B} \tag{4.43}$$

$$\sigma_r(\text{senkrecht}) = (R_T - R_B) \cdot \arctan \left(\frac{\sigma_0}{(R_T - R_B)} \right) \tag{4.44}$$

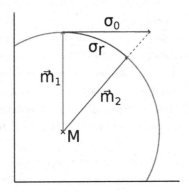

Abbildung 4.17: Verdeutlichung der realen Schrittlänge σ_r im Vergleich zur eingesetzten Schrittlänge σ_0 entlang der x-Achse. Ein Schritt erfolgt entlang der Tangentialebene senkrecht zum Mittelpunktsvektor $\vec{m}_1$. Der tatsächlich zurückgelegte Weg entlang der Membran nach Rückprojektion mit $\vec{m}_2$ ist gerade die Länge des Bogens zwischen $\vec{m}_1$ und $\vec{m}_2$. Dieses Bild ist für die Kugeln wie auch für den toroiden Zwischenbereich gültig, dabei ändert sich nur die Länge der Vektoren $\vec{m}_1$ und $\vec{m}_2$.

Daraus ist sofort ersichtlich, dass sich abhängig vom Kontaktwinkel α der beiden Sphären und damit abhängig vom Verhältnis von R_S zu R_B die tatsächliche Schrittlänge auf beiden Bereichen der Geometrie geringfügig unterscheiden wird, was zu Fehlern und ungleichmäßigen Diffusionskonstanten der Random Walker auf der Geometrie führen kann. Im Übrigen wird bei kleinen Kontaktwinkeln der Zwischenbereich so schmal werden, dass eine drastische Reduktion der Schrittlänge nötig ist, um zu verhindern, dass die oben beschriebenen Artefakte im Übergangsbereich auftreten. Zu diesem Zweck wird eine „adaptive" Schrittlänge eingeführt, d.h. die Random Walker werden im toroiden Zwischenbereich mit viel kleineren Schritten bewegt als auf den Kugeloberflächen. Zum Ausgleich werden die Random Walker, die sich im Zwischenbereich befinden, entsprechend dem Quadrat des Reduktionsfaktors häufiger bewegt. So kann eine größere Schrittweite auf den Kugeln beibehalten werden, der schmale Zwischenbereich aber gleichzeitig mit hinreichend hoher Auflösung berechnet werden.

4.5.2 Implementierung der adaptiven Schrittlänge in Teilbereichen der Geometrie

Die Simulation von Diffusion mit einer Monte-Carlo-Methode, die Random Walker verwendet, basiert auf deren zufälliger und unbeeinflusster Bewegung. Es ist daher ohne Weiteres möglich zwei Simulationen unterschiedlicher Anzahl an Random Walkern mit identischer Schrittlänge zu einer einzigen Simulation durch Addition zusammenzufassen. Gleichzeitig ist es aber auch möglich, unterschiedliche Teilpopulationen an Random Walkern innerhalb einer Simulation mit unterschiedlichen Schrittlängen zu bewegen, solange darauf geachtet wird, dass die Zeit pro Schritt, bzw. die Zahl der Schritte pro Zeiteinheit, entsprechend angepasst wird. Dies soll im Folgenden dazu genutzt werden kritische Teile der Simulation mit kleineren Schrittlängen zu berechnen, um die Genauigkeit zu erhöhen, gleichzeitig aber unkritische Bereiche mit größerer Schrittlänge zu berechnen, um die Rechenzeit nicht aus dem Ruder laufen zu lassen. Die Zeitskala der Diffusion von Random Walkern ergibt sich aus deren Schrittlänge, dabei gilt für die Diffusionszeit t_0 [24]:

$$\sigma_0^2 = 4Dt_0 \tag{4.45}$$

Streckt man die Längenskala um einen Faktor f, muss die Zeitskala um den Faktor f^2 gestaucht werden:

$$\sigma_1 = f \cdot \sigma_0 \tag{4.46}$$

$$t_1 = \frac{t_0}{f^2} \tag{4.47}$$

Dies ist nicht beschränkt auf die Reduktion der Schrittlänge aller Random Walker der Simulation, sondern kann auch auf Teilpopulationen angewendet werden. In den folgenden Simulationen soll im relevanten Kontaktbereich beider Kugeln die Schrittlänge auf einen festen Wert von $\frac{h}{2}$ gesetzt werden, während die Schrittlänge auf den Kugeln frei wählbar ist.

Vor einem Diffusionsschritt werden all jene Random Walker bestimmt, die sich innerhalb des toroiden Kontaktbereichs befinden, für den $-h \leqslant x \leqslant h$ gilt. Über diesen Rand hinaus werden noch all jene Random Walker berücksichtigt die mit der Schrittweite auf dem Kugeln innerhalb eines Schritt in den Kontaktbereich gelangen könnten. Diese Random Walker werden mit der kleineren Schrittweite $\sigma_1 = \frac{h}{2}$ berechnet und entsprechend dem Verhältnis von großem Schritt auf den Kugeln und kleinem Schritt im Kontaktbereich häufiger bewegt als jene Random Walker auf den Kugeln.

4.5.3 FRAP-Experiment auf der Geometrie fusionierter Kugeln

Unter Verwendung des oben beschriebenen Algorithmus sollen an dieser Stelle FRAP-Experimente simuliert werden. Dazu wird zunächst die Geometrie fusionierter Kugeln mit Werten des Kontaktwinkels zwischen 2° und 89° initialisiert. Der Radius der Kugeln wird in jeder der nachfolgend durchgeführten Simulationen bei $R_S = 1.0$ festgesetzt. Die entsprechenden Parameter des Torus und die Breite der Kontaktzone ergeben sich aus dem Kontaktwinkel und dem Radius der Kugeln entsprechend der Gleichungen 4.3, 4.4 und 4.5. Für jeden der Kontaktwinkel wird eine initiale Verteilung an Random Walkern entsprechend der vorherigen Abschnitte generiert. Die Zahl der Random Walker soll dabei bei den meisten Simulationen bei 500000 liegen, einzig für Simulationen mit kleinem Kontaktwinkel und dementsprechend kleiner Schrittlänge werden nur 100000 Random Walker verwendet. Jeder der Random Walker erhält abhängig von seiner Position einen Helligkeitsparameter entsprechend Gleichung 4.15.

Während der Simulation werden zunächst nur die zeitabhängigen Koordinaten bzw. Trajektorien der Random Walker abgespeichert. Das eigentliche FRAP-Experiment wird nach der Simulation der Diffusion auf der Geometrie durchgeführt, indem der Helligkeitsparameter jener Random Walker, die sich zum Bleichzeitpunkt im zu bleichenden Bereich befinden, auf den Wert 0 gesetzt wird. Dieses Vorgehen hat zwar den Nachteil, dass Random Walker, die in der Auswertung der Fluoreszenzregeneration nie eine Rolle spielen können, weil deren Helligkeit ausgeschaltet ist, bei jedem Schritt explizit bewegt werden. Der Vorteil dieser Methode liegt allerdings in der Möglichkeit alle erdenklichen (FRAP-)Experimente an ein und demselben Datensatz nachträglich durchzuführen.

Gebleicht werden soll in dieser Arbeit eine der beiden Kugeln bis zum Beginn des Kontaktbereiches, d.h. alle Random Walker, die sich für ein gegebenen Kontaktwinkel α im Bereich $x > h$ befinden. Die Fluoreszenzregenerationen werden entsprechend Abschnitt 4.2 auf die Gesamtintensität aller nichtgebleichten Random Walker gewichtet mit der Mantelfläche des gebleichten Bereichs normiert, so dass als Resultat Fluoreszenzregenerationen von 0 bis 1 erhalten werden. Verglichen werden diese FRAP-Experimente mit Simulationen auf einfachen

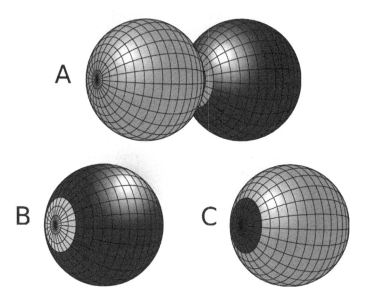

Abbildung 4.18: (A): Dreidimensionale Darstellung der Geometrie funsionierter Kugeln. Heller ist der fluoreszenzmarkierte Bereich dargestellt, schwarz zeigt den gebleichten Bereich. (B) und (C) zeigen zwei einzelne Kugeln identischer Größe wie in (A). Im Referenzexperiment wird der korresponidierende Bereich zu (A) gebleicht, während der Kontaktbereich ungebleicht bleibt. (C) zeigt das inverse Experiment, bei der der Kontaktbereich gebleicht wird. Diese Experimente sind äquivalent.

Kugeln des gleichen Radius, bei denen ein Bereich der Breite h gebleicht wird, in dem gilt: $h < x < R_S$. Schematisch verdeutlicht wird dieses Experiment und das Vergleichsexperiment in Abbildung 4.18.

Teil **A** zeigt dabei eine dreidimensionale Darstellung der Geometrie fusionierter Kugeln. Der grüne Bereich kennzeichnet dabei Teile der Membran, die fluoreszenzmarkiert sind, der graue Bereich wurde gebleicht. Im Folgenden würden die Random Walker auf der Geometrie entsprechend der eingestellten Schrittlänge bewegt. Ausgewertet wird die integrale, normierte Intensität aller Random Walker im gebleichten Bereich. Überschreitet die Fluoreszenzregeneration einen Wert von 0.5, wird die Simulation beendet und die Halbwertszeit dieses Experiments bestimmt. Teil **B** und **C** zeigen das Referenzexperiment, hierbei wird die Diffusion von Random Walkern auf einer einzelnen Kugel simuliert. Gebleicht wird dabei ein Bereich, der dem gebleichten Bereich auf den fusionierten Kugeln genau entspricht. Es

ist auch möglich das inverse Experiment durchzuführen, bei dem gebleichter und nichtgebleichter Bereich invertiert werden. Bei korrekter Durchführung der Simulation ergeben sich
für beide Experimente identische Verläufe der Fluoreszenzregeneration, da die Diffusion
gebleichter und nichtgebleichter Random Walker identisch ist.

Relevant ist die Veränderung der Diffusionszeit bei Vorhandensein eines Reservoirs an
Random Walkern bei zwei fusionierten Kugeln, das über den Kontaktbereich als geometrische
Barriere mit der zweiten Kugeln verbunden ist. Über diese verlangsamte Fluoreszenzregeneration lässt sich möglicherweise in realen FRAP-Experimenten eine Aussage über die Größe
des Kontaktwinkels treffen, die wie bereits zuvor beschrieben aus der fluoreszenzmirkoskopi-
schen Bildern allein nicht getroffen werden kann.

Bevor jedoch die Ergebnisse der Simulationen aufgeführt werden, soll im folgenden Abschnitt auf die Wahl einer zeiteffizienten Schrittlänge der Simulationen eingegangen werden,
da gerade bei Simulation kleiner Kontaktwinkel die Simulationszeit durch die Notwendigkeit
feinerer Berechnung im Kontaktbereich der limitierende Faktor wird.

4.5.4 Zeiteffiziente Wahl der Schrittlänge

Da gerade bei kleinen Kontaktwinkeln α die Schrittlänge σ_0 im Wesentlichen nach oben durch die Breite des toroiden Kontaktbereichs zwischen zwei Kugeln begrenzt ist, stellt sich an dieser Stelle die Frage, ob Simulationen bei kleinen Kontaktwinkeln noch durchführbar sind. Für kleine α sinkt die Breite des Kontaktbereichs $2h$ überproportional stark, eine Auftragung des Zusammenhangs zwischen Kontaktwinkel und Kontaktbereichsbreite ist in Auftragung 4.19 zu sehen.

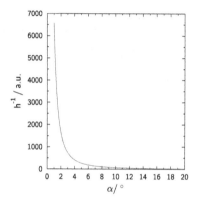

Abbildung 4.19: Auftragung der reziproken halben Breite des Kontaktbereichs. Als obere Grenze der verwendbaren Schrittlänge σ_0 zeigt sich, dass für kleine Kontaktwinkel eine überproportional große Anzahl an Schritten benötigt würde, die nicht mehr praktisch realisierbar ist.

Eine Möglichkeit die Geschwindigkeit der Simulation zu erhöhen ist, wie oben beschrieben, die Verwendung einer adaptiven Schrittlänge im toroiden Zwischenbereich und die Beibehaltung einer großen Schrittlänge auf der restlichen Geometrie. Zwei gegenläufige Effekte beeinflussen nun die benötigte Rechenzeit: Eineseits wird bei einer großen Schrittlänge ein geringere Anzahl an Schritten benötigt, um die Simulation abzuschließen, andererseits müssen aber die Random Walker im toroiden Zwischenbereich entsprechend dem Quadrat des Quotienten aus großer Schrittlänger und kleiner Schrittlänge auf dem Torus häufiger bewegt werden. Es ist davon auszugehen, dass diese gegenläufigen Effekte eine optimale Schrittlänge mit minimaler Rechenzeit bei gegebenem Kontaktwinkel α bedingen.

In einem einfachen Ansatz soll die benötigte Rechenzeit aus den Anteilen des toroiden Zwischenbereichs und der Kugeln an der Gesamtgeometrie abgeschätzt werden. Es gilt:

$$\frac{t}{\sigma_0^2 N_{\text{ges}}} = m + nf^2 = m + n\left(\frac{\sigma_0}{\sigma_1}\right)^2 \tag{4.48}$$

Dabei ist m der Anteil der Kugeln an der Gesamtfläche, n der Anteil des toroiden Zwischenbereichs an der Gesamtfläche und f der Quotient aus großer Schrittlänge σ_0 auf den Kugeln und der kleinen, adaptiven Schrittlänge σ_1 auf dem toroiden Zwischenbereich. f^2 gibt den Faktor an, mit dem Random Walker im Zwischenbereich häufiger bewegt werden müssen, als Random Walker auf den Kugeln. Normiert wird dieser Ausdruck mit der Gesamtzahl der Random Walker N_{ges} sowie der Längenskala der Diffusion σ_0^2.

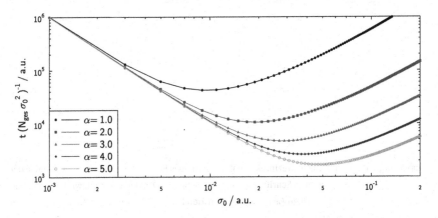

Abbildung 4.20: Doppelt logarithmische Auftragung der relativen benötigten Rechenzeit pro Random Walker normiert mit der Schrittweite gegen die große Schrittweite auf den Kugeln. Deutlich sichtbar sind zwei bestimmende Domänen - für kleine Schrittweiten wird die Rechenzeit hauptsächlich durch die große Anzahl an Schritten dominiert die benötigt werden um zu einem vergleichbaren Zustand zu kommen, für große Schrittlängen wird die große Anzahl an zusätzlichen Rechenschritten im Zwischenbereich der Kugeln dominierend.

Eine Auftragung ausgewählter Verläufe des Ausdrucks in Gleichung 4.48 ist in Abbildung 4.20 zu sehen. Für Kontaktwinkel zwischen 1° und 20° werden die Verläufe der Rechenzeit als Funktion der Schrittweite σ_0 berechnet und deren Minima bestimmt. Auftragung 4.21 zeigt die so bestimmten optimalen Schrittlängen in Hinsicht auf die Gesamtrechendauer der

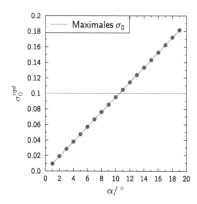

Abbildung 4.21: Auftragung der optimalen Schrittweise in Hinsicht auf die Gesamtrechendauer der Simulation für verschiedene Kontaktwinkel. Zusätzlich ist die Schrittweite als rote Linie eingezeichnet, bei der für eine Geometrie mit $R_S = 1.0$ die Schrittweise 10% des Kugelradius überschreitet.

Simulation für verschiedene Kontaktwinkel. Die Werte lassen sich nun benutzen, um eine Simulation aufzusetzen, die bei gegebener Diffusionszeit am schnellsten zum Ziel führt.

4.5.5 Fluoreszenzregeneration bei fusionierten Kugeln als Funktion des Kontaktwinkels

In diesem simulierten FRAP-Experiment wird die Geometrie fusionierter Kugeln in einem Kontaktwinkelbereich von $\alpha \in [2.0°, 89.0°]$ initialisiert und eine der beiden Kugeln bis zum Beginn der Kontaktzone gebleicht, d.h. alle Random Walker mit $x > h$.

Die Simulation wird abgebrochen, wenn der Wert der normierten Fluoreszenzregeneration dauerhaft den Wert 0.5 überschreitet. Aus der Diffusionszeit an der Stelle der Überschreitung wird die Halbwertszeit $\tau_{1/2}$ der Fluoreszenzregeneration bestimmt.

Alternativ lässt sich die Fluoreszenzregeneration mit einem Potenzgesetz der Form $I_{\text{FRAP}}(t) = a t^b$ anpassen und die Halbwertszeit aus den Fitparametern wie folgt berechnen:

$$\tau_{1/2} = \exp\left(\frac{\log\left(\frac{0.5}{a}\right)}{b}\right) \tag{4.49}$$

Die wichtigsten Parameter der durchgeführten Simulationen sind in Tabelle 4.1 angegeben. Gemeinsam haben alle Simulationen den Radius der Kugeln, $R_S = 1.0$. Die Parameter des

Tabelle 4.1: Überblick über die wichtigsten Parameter der durchgeführten Simulationen mit der Geometrie fusionierter Kugeln.

$\alpha/°$	Schrittlänge σ_0	Reale Schrittlänge σ_0^{real}	Anzahl Random Walker N
2.0 - 4.0	0.01	0.0099996667	100000
5.0 - 15.0	0.05	0.0499583957	100000
20.0 - 60.0	0.05	0.0499583957	1900000
65.0 - 70.0	0.02	0.0199973340	1900000
85.0	0.02	0.0199973340	2000000
80.0 - 89.0	0.02	0.0199973340	2200000

Torus im Zwischenbereich ergeben sich aus den zuvor gegebenen Gleichungen mit dem Kontaktwinkel α.

Die Zeitskala der Simulation ergibt sich idealerweise aus der Schrittlänge σ_0. Die tatsächlich erreichten Schrittlängen auf der Kugel und dem toroiden Zwischenbereich unterscheiden sich von σ_0 wie zuvor beschrieben. Gerade die reale Schrittlänge auf dem Torus ist durch die Richtungsabhängigkeit nicht exakt zu bestimmen. Es muss davon ausgegangen werden, dass sie sich nicht allzu stark von jener unterscheidet, die nach Gleichung 4.42 real auf der Kugel anzutreffen sind.

Näherungsweise soll daher die hier verwendete Zeitachse entsprechend der realen Schrittlänge auf der Kugel nach Gleichung 4.42 gegeben sein als:

$$\Delta 4Dt = \left(R_S \cdot \arctan \frac{\sigma_0}{R_S} \right)^2 \qquad (4.50)$$

Auftragung 4.22 zeigt die Fluoreszenzregeneration der beschriebenen Simulationen. Deutlich sichtbar ist eine Zunahme der Halbwertszeit der Fluoreszenzregeneration für kleiner werdende Kontaktwinkel α. Die Halbwertszeiten als Funktion des Kontaktwinkels sind in Abbildung 4.23 aufgetragen.

Kleinere Halbwertszeiten für große Werte des Kontaktwinkels waren zu erwarten, da zum einen die gebleichte Fläche kleiner wird und zum anderen der Kontaktbereich größer wird. Die geometrische Barriere für die Diffusion über den Kontaktbereich wird damit kleiner, die Diffusion von Random Walkern in den gebleichten Bereich wird erleichtert. Für den Grenzfall eines Kontaktwinkels von $\alpha = 0°$ wird eine unendlich große Halbwertszeit erwartet, da es dort die Membranen auf den einzelnen Kugeln vollständig separiert sind und es keinen Fluss von Fluorophoren von einer zur anderen Kugel geben kann. In den Simulationen deutet sich diese Vermutung durch den sehr starken Anstieg der Halbwertszeiten für sehr kleine Winkel an.

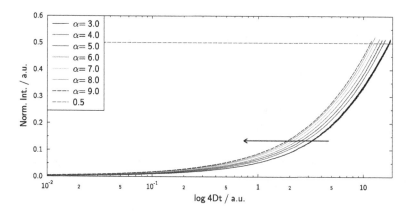

Abbildung 4.22: Auftragung der Fluoreszenzregeneration bis kurz nach der Halbwertszeit für ausgewählte Werte des Kontaktwinkels α als Funktion des Logarithmus der Diffusionszeit.
Deutlich sichtbar ist die Verlangsamung der Diffusion bei kleiner werdendem Kontaktwinkel. α steigt in Pfeilrichtung.

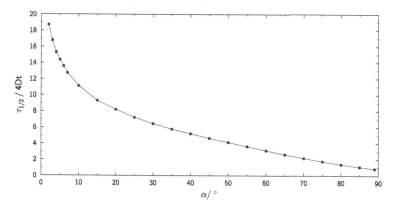

Abbildung 4.23: Halbwertszeit der Fluoreszenzregeneration als Funktion des Kontaktwinkels für fusionierte Kugeln. Je größer der Kontaktwinkel, desto schneller ist die Fluoreszenzregeneration des gebleichten Teils der fusionierten Kugeln. Kontakwinkel über 90° sind nicht
mehr definiert. Bei einem Kontaktwinkel von genau 90° entspricht die Geometrie
einem Zylinder mit Kugelkappen an den Enden. Der Zylinder hätte dabei eine Länge
von $2R_S$.

Zu erwarten ist, dass der Fluss J_{RW} an Random Walkern in die gebleichte Fläche proportional zu dem Umfang des Kreises an der Grenze des Kontaktbereichs ist: $J_{RW} \propto 2\pi r(h)$.

Mit $r(h) = R_S \sin\alpha$ als dem Radius an der Übergangsstelle $x = h$ erhält man:

Für eine Aussage über die Größe des Kontaktwinkels bei einer gegebenen Geometrie ist die relative Änderung der Fluoreszenzregenerationszeit verglichen mit einem Referenzexperiment auf einer einzelnen Kugel relevant. Daher soll im Folgenden auf die Halbwertszeiten der Fluoreszenzregeneration in einem solchen Referenzexperiment eingegangen werden.

4.5.6 Fluoreszenzregeneration bei einzelnen Kugeln als Funktion der Bleichfleckgröße

Als Referenzexperiment soll an dieser Stelle das Bleichen eines Bereichs auf einer einzelnen Kugel verwendet werden, der der Größe des gebleichten Bereichs in der Geometrie fusionierter Kugeln entspricht. Um die Analogie zum Experiment auf fusionierten Kugeln zu wahren, wird diese Bleichfleckgröße im Folgenden mit dem Kontaktwinkel α charakterisiert. Gebleicht werden alle Random Walker im Bereich $x > (R_S - h)$, wobei $h = R_S(1 - \cos\alpha)$ gilt. Große Kontaktwinkel α entsprechen großen Bleichflecken.

Die Halbwertszeit der Fluoreszenzregeneration dieses Referenzexperiments wird anschließend mit der korrespondierenden Halbwertszeit bei fusionierten Kugeln verglichen. Dabei ist für einzelne Kugeln durch das Fehlen eines Reservoirs an fluoreszenzmarkierten Molekülen in Form der zweiten Kugel ein gegensätzliches Verhalten der Halbwertszeit zu erwarten. Je kleiner der Bleichfleck, desto schneller werden fluoreszenzmarkierte Random Walker aus dem nichtgebleichten Bereich in den gebleichten diffundieren.

Der Fluss J_{RW} an Random Walkern sollte durch den kleiner werdenden Kontaktbereich abnehmen, dafür ist aber die Fläche des nichtgebleichten Bereichs wesentlich kleiner. Auftragung 4.24 zeigt die Auftragung der Fluoreszenzregeneration der Referenzexperimente als Funktion der Bleichfleckgröße. Deutlich sichtbar ist zum einen die wesentlich kleinere Größenordnung der Halbwertszeit der Fluoreszenzregeneration verglichen mit den Simulationen auf der Geometrie fusionierter Kugeln und zum anderen die Abnahme der Halbwertszeit bei kleiner werdender Bleichfleckgröße. Die Halbwertszeit sind in Auftragung 4.25 zu sehen.

Die aus den Simulationen erhaltenen Halbwertszeiten lassen sich gut an eine Funktion folgender Form anpassen, wobei für a ein Wert von $a = 0.4261$ bestimmt wurde.

$$\tau_{1/2}\,(\text{Kugel}) = a \cdot (R_S - R_S \cos 2\alpha) \qquad (4.51)$$

Sie entspricht damit im Wesentlichen der Gleichung für die Breite h des Kontaktbereichs zweier fusionierter Kugeln bei doppeltem Winkel. Für Winkel größer als 90° fällt die Halb-

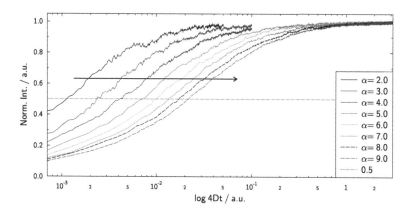

Abbildung 4.24: Auftragung der Fluoreszenzregeneration für ausgewählte Werte der Bleichfleckgröße als Funktion des Logarithmus der Diffusionszeit. Durchgeführt wurde das Referenzexperiment, bei der ein Bereich auf einer einzelnen Kugel gebleicht wird. α steigt in Pfeilrichtung.

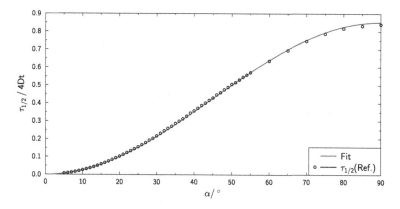

Abbildung 4.25: Halbwertszeit der Fluoreszenzregeneration als Funktion der Bleichfleckgröße für das Referenzexperiment auf einzelnen Kugeln. Je größer der Bleichfleck, desto langsamer ist die Fluoreszenzregeneration des gebleichten Teil der Kugel, umgekehrt zu dem Befund bei fusionierten Kugeln. Hier hängt die Halbwertszeit im Wesentlichen von der gebleichten Fläche ab, die wiederum mit steigendem Kontaktwinkel größer wird. Zusätzlich eingezeichnet ist eine Anpassung der Simulationsergebnisse an Gleichung 4.51.

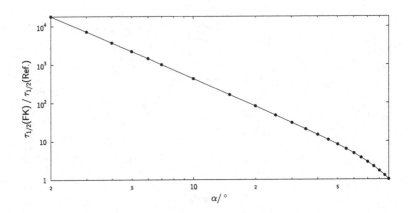

Abbildung 4.26: Quotient der Halbwertszeiten der Fluoreszenzregeneration der Simulationen auf fusionierten Kugeln und der Referenzsimulationen auf einzelnen Kugeln in einer doppelt logarithmischen Auftragung. Die Verlangsamung der Fluoreszenzregeneration zwischen FRAP-Experiment auf fusionierten Kugeln und dem entsprechenden Referenzexperiment gleichen Kontaktwinkels folgt für relativ kleine Winkel einem Potenzgesetz, für große Winkel nahe 90° nähert sich die Verlangsamung dem Wert 1. Das heißt, dass das Referenzexperiment und FRAP auf fusionierten Kugeln mit theoretischem Kontaktwinkel von 90° gleiche Fluoreszenzregeneration zeigen.

wertszeit wieder ab. Dieser Befund ist anschaulich dadurch zu erklären, dass bei einem Kontaktwinkel von 90° die Hälfte der einzelnen Kugel gebleicht wird. Bei noch größerem Kontaktwinkel entspricht dieses Experiment dem inversen Experiment, bei dem statt dem zuvor gebleichten Teil der restliche Teil der Kugel gebleicht wird.

Betrachtet werden soll nun die relative Abnahme der Halbwertszeit durch das Vorhandensein eines Reservoirs an fluoreszenzmarkierten Random Walkern, das durch eine geometrische Barriere mit einer Kugel verbunden ist. Der Quotient der entsprechenden Halbwertszeiten korrespondierender Experimente ist in Abbildung 4.26 zu sehen.

Für einen sehr kleinen Kontaktwinkel von $\alpha = 2°$, der nach Berechnung des theoretisch kleinsten Kontaktwinkels mit dem klassischen HERTZ-Modell vermutlich zu klein ist[12], ist die Fluoreszenzregeneration auf den fusionierten Kugeln etwa um einen Faktor 18000 langsamer als auf der korrespondierenden einzelnen Kugel. Bei größeren Kontaktwinkel sinkt die Verlangsamung stark ab. Bei $\alpha = 12°$ liegt sie nur noch bei etwa einem Faktor von 100. Dieser Befund legt nahe, dass aus der experimentellen Bestimmung der Verlangsamung der Diffusion der Kontaktwinkel bestimmt werden kann.

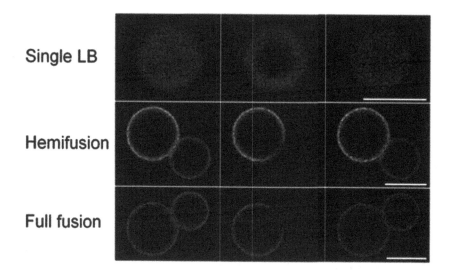

Abbildung 4.27: Darstellung der von BAO *et al.*[12] durchgeführten FRAP-Experimente auf einzelnen Kugeln (oben) und fusionierten Kugeln (Mitte, unten).

In der Praxis würde aber der auf den fusionierten Kugeln gefundene Wert der Fluoreszenzregenerationshalbwertszeit mit einem Referenzwert verglichen, der nicht den gleichen Kontaktwinkel aufweisen würde, da dazu der Wert des Kontaktwinkels bekannt sein müsste. Stattdessen würde die Fluoreszenzregeneration bei fusionierten Kugeln durch Bleichen einer ganzen Kugel gemessen, während als Referenzexperiment FRAP auf einer einzelnen Kugel ähnlich wie in Abbildung 4.27 durchgeführt würde. Dabei würde auf einer einzelnen Kugel ein kreisförmiger Bereich gebleicht, dessen Radius in etwa der Hälfte des Radius der Kugel selbst entspricht. Dies würde einem hier vorgestellten Referenzexperiment mit einem Kontaktwinkel von $\alpha = 30°$ und inversem Bleichen entsprechen. Die simulierte Fluoreszenzregeneration dieses Experiments ist in Abbildung 4.28 zu sehen. Die daraus bestimmte Halbwertszeit liegt bei $\tau_{1/2} = 0.224Dt$.

Es kann nun die Normierung der erhaltenen Halbwertszeiten bei der Geometrie fusionierter Kugeln mit der Halbwertszeit des Referenzexperiments bei $\alpha = 30°$ durchgeführt werden, dargestellt ist dies in Abbildung 4.29 zu sehen. Der Verlauf der Verlangsamung ist freilich bist auf einen Faktor identisch mit jenem der Halbwertszeiten auf fusionierten Kugeln. Die Verlangsamung reicht in dem simulierten Bereich von einem Faktor 90 bei einem Kontaktwinkel von $\alpha = 2°$ bis zu einem Faktor 10 bei $\alpha \simeq 90°$. Der Bereich des Verlangsamungsfaktors hängt

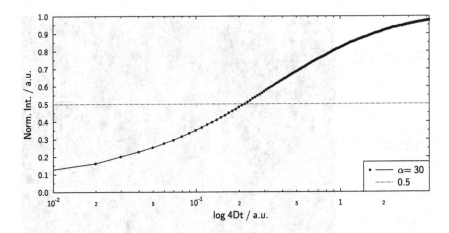

Abbildung 4.28: Simulierte Fluoreszenzregeneration des Referenzexperiments bei einem Kontaktwinkel von $\alpha = 30°$.

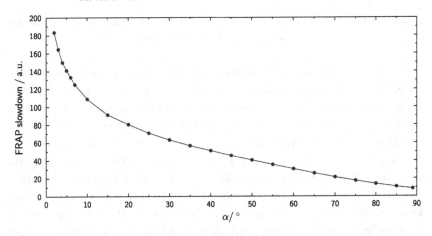

Abbildung 4.29: Relative Verlangsamung der Fluoreszenzregeneration eines FRAP-Experiments auf fusionierten Kugeln (FK) verglichen mit der Halbwertszeit der Fluoreszenzregeneration eines Referenzexperiments mit $\alpha = 30°$.

stark von der Bleichfleckgröße des Referenzexperiments ab. Generell lässt sich aber schließen, dass es möglich ist, durch ein derart gestaltetes Experiment den Kontaktwinkel der Geometrie zu bestimmen.

5 Zusammenfassung und Ausblick

Im ersten Teil dieser Arbeit wurde eine Methode der Auswertung von FRAP-Experimenten auf ebenen, fluoreszenzmarkierten Lipidmembranen vorgestellt, die auf der Fouriertransformation von erhaltenen Fluoreszenzbildern mit anschließender Berechnung der Momente basiert. Die durchgeführten Benchmarks der Methode zeigen eine hohe Genauigkeit in der Bestimmung des Diffusionskoeffizienten selbst bei einen hohen Rauschniveau. Für ein S/N in der Größenordnung von 1 lassen sich Diffusionskoeffizienten mit einem relativen Fehler von maximal 5 % bestimmen. Weiterhin zeigt sich die Methode relativ unsensitiv auf die Form des verwendeten Bleichprofils. Die Methode erfordert keine explizite Lösung der Diffusionsgleichung bei gegebener Anfangsbedingung durch die Verwendung der Fouriertransformation. Im Gegensatz zu klassischen Methoden ist keine Definition einer *Region of Interest* notwendig, stattdessen wird die gesamte Bildinformation durch die Berechnung der Momente verwendet. Der Anwender der Methode muss keine Parameter wie die Breite eines ROIs angeben, die Wahl einer Apodisierungsbreite entfällt durch die Maximierung des Diffusionskoeffizienten. Die genaue Kenntnis des Bleichzeitpunkts ist nicht notwendig, eine ungenaue Bestimmung dieses Zeitpunkts wirkt sich nicht auf die Qualität der bestimmten Diffusionkoeffizienten aus. Zusätzlich erlaubt die Berechnung der Momente einen einfachen Zugang zu Diffusionskoeffizienten aus einer einfachen analytischen Gleichung. Zuletzt ist die Position des Bleichprofils auf den fluoreszenzmikroskopischen Bildern durch die Verwendung des Betrags der Fouriertransformierten irrelevant.

In zukünftigen Arbeiten soll die bisherige Modellannahme von gaußförmigen Bleichprofilen entfernt werden. Dazu kann die berechnete Fouriertransformierte mit der Fouriertransformation eines vorherigen fluoreszenzmikroskopischen Bildes normiert werden, wodurch der konstante Anteil aus der Form des initialen Bleichprofils wegfällt. Zusätzlich sollen in einer zukünftigen Arbeit komplexe Momente berechnet werden, wodurch eine Unabhängigkeit von der Position des Bleichprofils auch ohne Betragsbildung möglich wird. Außerdem wird damit ein künstlicher Offset vermieden, der zu einem schwachen, systematischen Abfall der Diffusionskoeffizienten bei steigendem Rauschniveau führt.

Weiterhin soll in der Zukunft die hier vorgestellte Methode um die Möglichkeit der Bestimmung eines immobilen Anteils in der Lipidmembran und die Analyse der Diffusion von multiplen Komponenten erweitert werden. Dabei soll auch auf die Beschränkung auf fluoreszenzmikroskopische Bilder, in denen das Bleichprofil komplett enthalten ist, eingegangen werden.

Im zweiten Teil der Arbeit wurden Simulationen fluoreszenzmikroskopischer Bilder der Geometrie fusionierter Kugel vorgestellt. Zusätzlich wurden Simulationen von FRAP-Experimenten auf dieser komplexen Geometrie durchgeführt. Dabei zeigt sich, dass sich eine Intensitätsanalyse von fluoreszenzmikroskopischen Bildern nicht für die Messung von Kontaktwinkeln eignet. Auch aus der Analyse von Intensitätsprofilen entlang ausgewählter Achsen kann ein Kontaktwinkel nicht bestimmt werden.

Die Analyse von FRAP-Experimenten mit einem geeigneten Referenzexperiment ist hingegen sehr sensitiv auf den Kontaktwinkel. Das Vorhandensein einer geometrischen Barriere zwischen zwei fusionierten Kugeln führt zu einer starken Verlangsamung der Fluoreszenzregeneration verglichen mit dem Referenzexperiment. Eine bis zu tausendfache Verlangsamung ist dadurch erklärbar. Dabei ist diese Art von Analyse unabhängig von der Größe der Kugeln, der verwendeten Lipidmembranen und ebenso von den verwendeten Fluoreszenzmarkern. Der Diffusionskoeffizient und eventuell vorhandene immobile Anteile sind irrelevant.

In Hinblick auf die Analyse von realen Experimenten muss das vorgestellte FRAP-Experiment und das Referenzexperiment auf isolierten Kugeln angepasst werden. Aufbauend auf dieser Arbeit soll die Fluoreszenzregeneration für fusionierte Kugeln beim Bleichen einer Hälfte der Geometrie bestimmt werden. Das Referenzexperiment wird besser definiert werden müssen, als dies bisher geschehen ist. Die Simulationen werden entsprechend nachjustiert, so dass die Befunde direkt auf reale Experimente angewendet werden können.

Literaturverzeichnis

[1] JÖNSSEN, P., JONSSON, M. P., TEGENFELDT, J. O., HÖÖK, F., *A Method Improving the Accuracy of Fluorescence Recovery after Photobleaching Analysis*, Biophys. J., *95*, 5334–5348, **2008**.

[2] ELSON, E. L., MAGDE, *Fluorescence Correlation Spectroscopy. I. Conceptual Basis and Theory.*, Biopolymers, *13*, 1-27, **1974**.

[3] AXELROD, D., KOPPEL, D. E., SCHLESSINGER, J., ELSON, E., WEBB, W., *Mobility Measurement by Analysis of Fluorescence Photobleaching Recovery Kinetics*, Biophys. J., *16*, 1055–1069, **1976**.

[4] SOUMPASIS, D. M., *Theoretical Analysis of Fluorescence Photobleaching Recovery*, Biophys. J., *41*, 95–97, **1983**.

[5] YGUERABIDE, J., SCHMIDT, J. A., YGUERABIDE, E. E., *Lateral Mobility in Membranes as Detected by Fluorescence Recovery after Photobleaching*, Biophys. J., *39*, 69–57, **1982**.

[6] DIETRICH, C., MERKEL, R., TAMPÉ, R., *Diffusion Measurement of Fluorescence-Labeled Amphiphilic Molecules with a Standard Fluorescence Microscope*, Biophys. J., *72*, 1701–1710, **1997**.

[7] KAPITZA, H. G., McGREGOR, G., JACOBSON, K. A., *Proc. Nati. Acad. Sci. USA*, *82*, 4122-4126, **1985**.

[8] TSAY, T. T., JACOBSON, K. A., *Spatial Fourier-analysis of Video Photobleaching Measurements - Principles and Optimization*, Biophys. J., *60*, 360–368, **1991**.

[9] BERK, D. A., YUAN, F., LEUNIG, M., JAIN, R. K., *Fluorescence Photobleaching with Spatial Fourier Analysis: Measurement of Diffusion in Ligth-Scattering Media*, Biophys. J., *65*, 2428-2436, **1993**.

[10] KOPPEL, D. E., SHEETZ, M. P., *Lateral Diffusion in Biological Membranes*, Biophys. J., *30*, 187–192, **1980**.

[11] KUBITSCHEK, U., WEDEKIND, P., PETERS, R., *Lateral Diffusion Measurement at High Spatial Resolution by Scanning Microphotolysis in a Confocal Microscope, Biophys. J., 67,* 948-956, **1994**.

[12] BAO, C., PÄHLER, G., GEIL, B., JANSHOFF, A., *Optical Fusion Assay Based on Membrane-Coated Spheres in a 2D Assembly, J. Am. Chem. Soc, 135,* 12176–12179, **2013**.

[13] BAKSH, M. M., JAROS, M., GROVES, J. T., *Nature, 427,* 129, **2004**.

[14] MARSDEN, H. R., ELBERS, N. A., BOMANS, P. H. H., SOMMERDIJK, N. A. J. M., KROS, A., *A. Angew. Chem. Int. Ed., 48,* 2330, **2009**.

[15] FICK, A., *Über Diffusion, Annalen der Physik, 170(1),* 59–86, **1855**.

[16] PAPULA, L., *Mathematische Formelsammlung für Ingenieure und Naturwissenschaftler,* Vieweg + Teubner, Wiesbaden, 9. Auflage, **2009**.

[17] LANG, C. B., PUCKER, N., *Mathematische Methoden in der Physik,* Spektrum Akademischer Verlag, Heidelberg, Berlin, 1. Auflage, **1998**.

[18] SYMPY DEVELOPMENT TEAM, *SymPy: Python library for symbolic mathematics,* http://www.sympy.org, **2009**.

[19] WOLFRAM ALPHA LLC, Wolfram|Alpha, http://www.wolframalpha.com/, **2009**, aufgerufen im März 2014.

[20] OLIPHANT, T. E., *Python for Scientific Computing, Comput. Sci. Eng., 9,* 10–20, **2007**.

[21] Graphics Layout Engine (GLE), http://glx.sourceforge.net/index.html, aufgerufen im November 2013.

[22] HUNTER, J. D., *Matplotlib: A 2D graphics environment, Computing In Science & Engineering, 9(3),* 90–95, **2007**.

[23] DERTINGER, T., COLYER, R., IYER, G., WEISS, S., ENDERLEIN, J., *Fast, background-free, 3D super-resolution optical fluctuation imaging (SOFI), PNAS, 106(52),* 22287-22292, **2009**.

[24] BERG, H. C., *Random Walks in Biology,* Princeton University Press, Chinchester, Expanded Edition, **1993**.